Interaktive Wertschöpfung kompakt

Frank Piller · Kathrin Möslein · Christoph Ihl ·
Ralf Reichwald

Interaktive Wertschöpfung kompakt

Open Innovation, Individualisierung und
neue Formen der Arbeitsteilung

Frank Piller
RWTH Aachen University
Deutschland

Christoph Ihl
Technische Universität Hamburg-Harburg
Deutschland

Kathrin Möslein
Universität Erlangen-Nürnberg
Deutschland

Ralf Reichwald
Technische Universität München
Deutschland

ISBN 978-3-658-17513-9   ISBN 978-3-658-17514-6 (eBook)
DOI 10.1007/978-3-658-17514-6

Die Deutsche Nationalbibliothek verzeichnet diese Publikation in der Deutschen Nationalbibliografie; detaillierte bibliografische Daten sind im Internet über http://dnb.d-nb.de abrufbar.

Springer Gabler
© Springer Fachmedien Wiesbaden GmbH 2017
Das Werk einschließlich aller seiner Teile ist urheberrechtlich geschützt. Jede Verwertung, die nicht ausdrücklich vom Urheberrechtsgesetz zugelassen ist, bedarf der vorherigen Zustimmung des Verlags. Das gilt insbesondere für Vervielfältigungen, Bearbeitungen, Übersetzungen, Mikroverfilmungen und die Einspeicherung und Verarbeitung in elektronischen Systemen.
Die Wiedergabe von Gebrauchsnamen, Handelsnamen, Warenbezeichnungen usw. in diesem Werk berechtigt auch ohne besondere Kennzeichnung nicht zu der Annahme, dass solche Namen im Sinne der Warenzeichen- und Markenschutz-Gesetzgebung als frei zu betrachten wären und daher von jedermann benutzt werden dürften. Der Verlag, die Autoren und die Herausgeber gehen davon aus, dass die Angaben und Informationen in diesem Werk zum Zeitpunkt der Veröffentlichung vollständig und korrekt sind. Weder der Verlag, noch die Autoren oder die Herausgeber übernehmen, ausdrücklich oder implizit, Gewähr für den Inhalt des Werkes, etwaige Fehler oder Äußerungen. Der Verlag bleibt im Hinblick auf geografische Zuordnungen und Gebietsbezeichnungen in veröffentlichten Karten und Institutionsadressen neutral.

Lektorat: Barbara Roscher

Gedruckt auf säurefreiem und chlorfrei gebleichtem Papier

Springer Gabler ist Teil von Springer Nature
Die eingetragene Gesellschaft ist Springer Fachmedien Wiesbaden GmbH
Die Anschrift der Gesellschaft ist: Abraham-Lincoln-Str. 46, 65189 Wiesbaden, Germany

Vorwort: Ein kompaktes Buch zu einer interaktiven Community

Dieses Buch ist die Essenz einer langen Forschungsreise. Es vermittelt in komprimierter Form die wesentlichen Inhalte unserer Gedanken zur **interaktiven Wertschöpfung**. Von Ralf Reichwald im Jahr 2004 geprägt, hat sich dieser Begriff heute fest im deutschen Sprachraum etabliert. Die Idee hinter interaktiver Wertschöpfung ist einfach: Unternehmerische Wertschöpfung findet heute immer öfters nicht mehr sequentiell im Sinne einer klassischen Wertschöpfungskette statt, sondern interaktiv und iterativ zwischen einem fokalen Unternehmen und externen Mitwirkenden (**Co-Creation**). Dies gilt für die Forschung und Entwicklung neuer Produkte und Dienstleistungen (**Open Innovation**) genauso wie für operative Wertschöpfungsprozesse (zum Beispiel **Mass Customization**). Eine besondere Rolle spielen dabei die Kunden und Nutzer. Diese reagieren nicht nur auf Impulse eines Unternehmens, sondern werden selbst aktiv. Die Zusammenarbeit zwischen Unternehmen und Externen wird dabei in vielen Fällen anders organisiert, als dies klassischerweise bei arbeitsteiliger Wertschöpfung der Fall ist. Statt Aufgaben zu verteilen bzw. anzuweisen, reagieren die Beitragenden auf einen offenen Aufruf zur Mitwirkung und selektieren selbst, wann und wie sie sich beteiligen (**Crowdsourcing**). Ziel des Buchs ist, eine konzeptionelle Basis dieser Entwicklungen zu geben und die zuvor in Klammern genannten Schlagworte fundiert zu verbinden.

Die erste Version dieses Buchs, 2006 publiziert, entstand als Ergebnis gemeinsamer Forschungsarbeit der Autoren nach der Jahrtausendwende am Lehrstuhl für **Betriebswirtschaftslehre: Information, Organisation und Management (IOM)** an der Technischen Universität München. Unser Antrieb war damals der sich abzeichnende Wandel der Vernetzungsfähigkeit wirtschaftlicher wie privater Akteure. Open-Source-Software und die dort beobachtbaren neuen Organisationsprinzipien standen damals im Zentrum der Diskussion. Das Internet der Daten war etabliert, das Internet der Dinge aber gerade erst in der frühen Entwicklungsphase. In der Praxis dachte noch keiner an Industrie 4.0. Smartphones und Social Media gab es noch nicht. Die in der Innovationsforschung propagierte Öffnung des Entwicklungsprozesses fand in der Praxis eine erste zögerliche Umsetzung, neue Innovationswerkzeuge wie Ideenwettbewerbe rückten durch Pilotprojekte in die Aufmerksamkeit innovativer Manager. In unseren Projekten und im Austausch mit internationalen Forschungs- und Industriepartnern sahen wir, dass sich diese schwachen Signale aber immer mehr verdichteten. Die **Produktivität der Zusammenarbeit und Kooperation** in allen Wertschöpfungsprozessen stieg in neue Dimensionen.

Die zweite Auflage des Buchs (2009) konkretisierte unsere Gedanken und integrierte vor allem viele neue Beispiele und Fallstudien. Der Springer Gabler Verlag drängte uns seitdem konsequent zu einer Neuauflage. Diese aber wollen wir anders gestalten: indem wir die in unserem Buch beschriebenen Prinzipien anwenden und den Text wahrlich interaktiv mit Vielen weiterentwickeln wollen. Die vorliegende Kompaktfassung bietet die Basis dazu. Wir haben versucht, die wesentlichen Gedanken der zweiten Auflage auf ca. 30 Prozent des Originaltextes zu reduzieren, diesen aber inhaltlich weitgehend unverändert gelassen: **interaktive Wertschöpfung** *kompakt*.

Die Weiterentwicklung dieses Buchs findet auf einer eigens dafür entwickelten Community-Plattform statt, erreichbar über **open-innovation.de. Machen Sie dort mit**! Werden Sie Co-Creator und teilen Sie Ihre eigene Forschung, Fallstudien und Erweiterungen. Werden Sie Co-Reviewer und kommentieren und kritisieren Sie den Text, lassen Sie uns Ihre Fragen und Ergänzungen wissen. Oder bleiben Sie einfach Konsument und lesen Sie dort die aktuellen Erweiterungen und Beispiele. Auf Basis dieses interaktiven Textes planen wir dann, eine dritte wirkliche Neuauflage dieses Buches herauszugeben – aber vielleicht merken wir auch, dass die Zukunft des Fachbuchs eher eine solche interaktive und offene Plattform im Internet ist.

Ralf Reichwald und Frank Piller sind sehr dankbar, mit *Kathrin Möslein* und *Christoph Ihl* zwei Wissenschaftler aus dem ursprünglichen Münchener Lehrstuhlteam für dieses Projekt gewonnen zu haben, die die Geschichte der interaktiven Wertschöpfung schon lange geprägt haben. Zusammen sehen wir uns als Moderatoren und Motivatoren für dieses Vorhaben.

An unseren Lehrstühlen danken wir unseren Kollegen *Nivedita Agarwal, Victoria Boss, Sebastian Brenk, Stefan Genennig, Birgit Grabi, Dimitri Graf, Stephan Hankammer, Jan Hohner, Ruth Jiang, Hannes Lampe, Fabian Louwen, Nele Lund, Laura Rieger, Martin Schymanietz, Jan-Niklas Wick* und *André Witzel*, die in verschiedenen Iterationen aus Sicht der Nutzer die Kürzung des Textes bzw. die gleichzeitig erscheinende englische Auflage vorbereitet haben. *Barbara Roscher* vom Verlag danken wir sehr für ihre engagierte Betreuung und große Geduld. *Sarah De Heyn* hat mit Umsicht das gekürzte Manuskript lektoriert. Der *Peter-Pribilla-Stiftung* gehört weiterhin unser Dank für die Start-up-Finanzierung dieses Vorhabens.

Wir hoffen, wir treffen uns auf open-innovation.de zur Weiterentwicklung des Buchs – vielleicht aber bietet diese Fassung Ihnen einfach nur einen konzeptionellen Rahmen, die Öffnung der Unternehmensgrenzen und die neuen Formen der Zusammenarbeit zwischen Unternehmen, Kunden und anderen externen Akteuren in einen Gesamtzusammenhang zu bringen.

Aachen, Nürnberg, Hamburg und München,   Frank Piller, Kathrin Möslein,
im Februar 2017   Christoph Ihl und Ralf Reichwald

Inhaltsverzeichnis

1 Einleitung und Überblick: Die aktive Rolle von Kunden in der Wertschöpfung 1

2 Organisation der arbeitsteiligen Wertschöpfung: Der Weg zur interaktiven Wertschöpfung 7
   2.1 Überblick: Verschiedene Vorstellungen von Wert und Wertschöpfung 7
   2.2 Die tayloristische Industrieproduktion: Produktivitätsoptimierung unter stabilen Bedingungen und hierarchische Organisation der Arbeitsteilung 10
   2.3 Grenzen des Taylorismus: Heterogenisierung der Nachfrage und Empowerment aktiver Kunden 12
   2.4 Auflösung der Unternehmensgrenzen: Von der internen Abwicklung zu Netzwerken und Märkten 16

3 Interaktive Wertschöpfung: neue Formen der Arbeitsteilung zwischen Anbietern, Kunden und externen Experten 21
   3.1 Prinzipien und Eigenschaften der IWS 22
   3.2 Bedürfnis- und Lösungsinformation in festen und offenen Lösungsräumen ... 25
   3.3 Arbeitsteilung und Organisation in der IWS 28
   3.4 IWS aus ressourcenorientierter Perspektive 36
   3.5 Interaktionskompetenz als Konkretisierung der Absorptionsfähigkeit 38
   3.6 Interaktionsförderliche Organisations- und Kommunikationsstrukturen als Teilbereiche der Interaktionskompetenz 42
   3.7 Grenzen der IWS: Aufgabenteilung und Transaktionskosten 47

4 IWS in der Innovation: Open Innovation 49
   4.1 Der interaktive Innovationsprozess 50
   4.2 Von Kundenorientierung zu Kundenintegration im Innovationsprozess: der Weg zu Open Innovation 52
   4.3 Open Innovation im Verständnis dieses Buchs 60
   4.4 Eigenschaften und Motivation von Kunden und Nutzern, am Innovationsprozess mitzuwirken 61

	4.5 Die Unternehmensperspektive: Wettbewerbsvorteile durch Open Innovation.	69
	4.6 Instrumente von Open Innovation	73
5	**IWS in Produktion und Vertrieb: Mass Customization**	**85**
	5.1 Produktindividualisierung und Mass Customization	85
	5.2 Einordnung in die IWS	89
	5.3 Kosteneffizienz von Mass Customization	92
	5.4 Wertsteigerung und Erlöspotenziale durch Individualproduktion	98
	5.5 Phasen und Instrumente der Kundeninteraktion bei Mass Customization	101
6	**Die Zukunft der interaktiven Wertschöpfung**	**109**
	6.1 Die Evolution der Organisation arbeitsteiliger Wertschöpfung	109
	6.2 Ein offener Aufruf zur Mitwirkung an der Zukunft der Interaktiven Wertschöpfung	111
Literatur		**113**
Stichwortverzeichnis		**123**

1 Einleitung und Überblick: Die aktive Rolle von Kunden in der Wertschöpfung

Was ist interaktive Wertschöpfung (IWS)? Interaktive Wertschöpfung (IWS) steht für ein **Wertschöpfungsmodell**, bei dem **externe Akteure**, zum Beispiel Kunden, Nutzer, Fachexperten, Wissenschaftler, Handelspartner oder bestimmte Zulieferer, eine zentrale Rolle spielen. Sie reagieren dabei auf einen **offenen Aufruf einer Organisation zur Mitwirkung**, um für ein konkretes Problem einen Beitrag zu leisten bzw. eine Lösung zu liefern. Dies geschieht im Rahmen eines Interaktionsprozesses mit dem Unternehmen, das bestimmte zuvor intern abgewickelte Aufgaben an die externen Akteure abgibt. Aus der klassisch von Unternehmen dominierten Wertschöpfung wird durch die aktive Rolle und freiwillige Mitwirkung der Kunden sowie anderer externer Akteure eine interaktive Wertschöpfung.

Unser besonderer Fokus unter diesen externen Akteuren ist auf die Kunden bzw. Nutzer eines Produktes oder einer Leistung gerichtet. Sie sind in unserem Konzept nicht mehr nur passive Empfänger und Konsumenten einer von Herstellern autonom geleisteten Wertschöpfung. Vielmehr werden **Kunden zum Wertschöpfungspartner** von Unternehmen, indem sie Produkte oder Dienstleistungen mitgestalten und teilweise sogar deren Entwicklung und Herstellung bestimmen oder ganz übernehmen.

Die Relevanz dieses Modells ist nicht zuletzt durch die heutige Markttransparenz begründet, wodurch die Notwendigkeit der Wettbewerbsdifferenzierung für Unternehmen und die Marktmacht der Kunden weiter gestiegen sind. Dies treibt die **Individualisierung der Kundenbedürfnisse** weiter voran. Hersteller sind nun gezwungen, zum einen sehr heterogene Kundenbedürfnisse auf Segment- oder sogar auf Einzelkundenebene zu berücksichtigen. Zum anderen müssen Hersteller im Wettbewerb kontinuierlich Produkte mit hohem Neuigkeitsgrad entwickeln, die aber wiederum mit einem hohen Marktakzeptanz- bzw. Flop-Risiko verbunden sind.

IWS realisiert einerseits den Transfer von implizitem Wissen der Kunden zu Unternehmen durch das Prinzip der Kundenintegration. Ziel dieser Integration ist vor allem

© Springer Fachmedien Wiesbaden GmbH 2017
F. Piller et al., *Interaktive Wertschöpfung kompakt*,
DOI 10.1007/978-3-658-17514-6_1

die Schaffung von Produkten und Leistungen, die genauer die heterogenen Bedürfnisse der Abnehmer treffen (Reduktion des Flop-Risikos bzw. Steigerung der Effektivität des Innovationsprozesses). Andererseits setzt IWS an der Integration spezifischen Problemlösungspotenzials externer Experten an. Eine neue Art der Suche nach diesen Problemlösungen kann die Effizienz im Wertschöpfungsprozess erhöhen.

Uns geht es dabei vor allem um **Tätigkeiten im Innovationsprozess** oder in Bezug auf die **Gestaltung einer kundenspezifischen Lösung**. Das heißt: IWS ist mehr als der Aufbau eines IKEA-Regals oder die Selbstbedienung am Bankautomaten. Dies sind zwar auch Formen einer Arbeitsteilung zwischen Anbieter und Abnehmern, jedoch finden sie rein auf einer operativen Ebene innerhalb eines engen Lösungsrahmens statt. Wir wollen uns dagegen auf Wertschöpfungsprozesse fokussieren, die durch einen weiten Lösungsraum gekennzeichnet sind. So erweisen sich Kunden als Mitgestalter der Produktentwicklung, die Ideen für neue Produkte beisteuern, an der Konzeptentwicklung mitarbeiten oder Produkte designen und konfigurieren (Franke und Piller 2003; Brockhoff 2005).

Das Beispiel von Threadless. Ein klassisches Beispiel, wie wir IWS verstehen, liefert das Unternehmen **Threadless**. Das im Jahre 2000 in Chicago gegründete Unternehmen verkauft mit großem Erfolg ein eigentlich einfaches Produkt: bedruckte Graphik-T-Shirts (Ogawa und Piller 2006). Alle wesentlichen wertschöpfenden Aufgaben sind an Kunden und externe Experten (Designer) ausgelagert, die diesen mit großer Begeisterung nachkommen. Designer entwerfen T-Shirt-Graphiken. Die Kunden machen Verbesserungsvorschläge zu den Entwürfen, screenen und bewerten alle Entwürfe und wählen diejenigen aus, die aus der Konzeption in die Produktion gehen sollen. Sie übernehmen dabei das Marktrisiko, da sie sich zum Kauf eines Wunsch-T-Shirts (moralisch) verpflichten, bevor dieses in Produktion geht. Die Kunden übernehmen die Werbung, stellen die Models und Fotografen für die Katalogfotos und werben neue Kunden.

Die Kunden fühlen sich dabei aber nicht etwa ausgenutzt, sondern zeigen im Gegenteil große Begeisterung für das Unternehmen, das ihnen diese Mitwirkung ermöglicht. Sie beschützen Threadless vor Nachahmern und übermitteln unzählige Ideen, wie das Unternehmen noch besser und produktiver werden kann. Threadless selbst fokussiert sich auf die Bereitstellung und Weiterentwicklung einer Plattform, auf der die Interaktion mit und zwischen den Kunden abläuft. Das Unternehmen definiert zudem die Spielregeln, honoriert die Kunden-Designer, deren Entwürfe für eine Produktion ausgewählt wurden, und steuert den eigentlichen materiellen Leistungserstellungsprozess (Herstellung und Distribution).

Eine neue Form der Arbeitsteilung entsteht. Was sich in diesem Exempel als kreative Spielerei Einzelner anhört, ist kein Einzelfall. Eine Vielzahl an Beispielen aus verschiedensten Branchen zeigt, dass die aktive Rolle von Kunden und Anwendern in der Wertschöpfung weder ein rein akademisches noch ein für die Praxis neues Phänomen ist. In der letzten Dekade haben wir beobachtet, dass immer mehr etablierte Unternehmen mit der Einführung dezidierter Strukturen für IWS begonnen haben.

Unzählige andere Neugründungen haben wie Threadless ihr Geschäftsmodell ganz auf die Entwicklung ihrer Produkte in der Peripherie dieser Unternehmen ausgerichtet und verzichten dabei oft auf eine eigene klassische Entwicklungsabteilung. Das Spannende an diesen Modellen ist dabei eine neue Vorstellung und Organisation der Arbeitsteilung. Eine hierarchische Aufgabenverteilung und Kontrolle wird durch Selbstmotivation und Selbstselektion der Akteure ersetzt. Der internen Koordination durch Regeln und Organisationsformen stehen neue Koordinationsformen in Netzwerken gegenüber. Standardisierte Massenartikel oder vorproduzierte Varianten werden durch individuelle Leistungen ersetzt, ohne dass dadurch die Preise wesentlich steigen.

IWS als neues Prinzip zur Organisation der Arbeitsteilung. Kunden wurden im Rahmen von Selbstbedienungsaktivitäten immer schon in die Wertschöpfung eines Herstellers integriert. Jedoch geht die Integration der Kunden heute viel weiter und ist nicht nur ein weiteres Mittel zur Steigerung der internen operationalen Effizienz des Herstellers, sondern wird vielmehr zentrales Mittel zum Aufbau von Wettbewerbsvorteilen. Dies verlangt einen radikalen Wechsel der Sichtweise und ein Überdenken der konventionellen Prinzipien erfolgreicher Wertschöpfung:

Die „neue" Kundenintegration, um die es in diesem Buch gehen soll, ist gekennzeichnet durch den Einbezug von Kunden und Nutzern in Bereiche und Aktivitäten, die zuvor als interne und zentrale Domäne des Herstellers angesehen wurden (Piller 2004; Wikström 1996). Aus der Integration der Kunden in die Wertschöpfung resultieren innovative Prozessstrukturen, die die konventionelle Vorstellung von Arbeitsteilung zwischen Anbietern und Abnehmern aufheben (Blazevic und Lievens 2008; Seifert 2007). Dies gilt gleichermaßen für die Integration externer Akteure zur Lösung spezifischer technischer Probleme. Eine offene Ausschreibung von Problemen, die Selbstselektion der Akteure, die diese Aufgabe lösen wollen, und die ausschließliche Honorierung der besten eingereichten Lösung in einem Wettbewerb bedeuten eine neue Form der Organisation der Arbeitsteilung jenseits der klassischen Hierarchie (interne Abwicklung) oder einen Einkauf von Leistungen am Markt (zum Beispiel in Form von Auftragsforschung).

Die Entwicklungsgeschichte der IWS. IWS stellt eine Synthese und Weiterentwicklung von generalisierbaren Prinzipien dar, die in der Vergangenheit sowohl in Ansätzen der Organisationsforschung als auch in Ansätzen des Innovations-, Technologie- und Produktionsmanagements erarbeitet worden sind. Wir beziehen uns auf eine traditionsreiche Reihe großer Autoren und knüpfen an deren gedanklichen Konstrukten an.

Chester Barnard ist einer der Urväter der modernen Organisationstheorie. In seinem Buch „Organization and Management" (1948) diskutiert er detailliert und lange vor modernen Strömungen eines „Beziehungsmarketings" die symbiotische Beziehung zwischen Käufern und Verkäufern. Kunden gelten für Barnard nicht als externe Akteure, sondern sie sind Teil der Organisation. Er bemerkt, dass sowohl Kunden als auch die Angestellten eines Herstellerunternehmens gleichermaßen Inputfaktoren zum Leistungserstellungsprozess beitragen.

Diesen Gedanken greift viele Jahre später **Alvin Toffler** (1970) auf. Er prägte den berühmten Ausdruck des **„Prosumers"**, der in einer Rolle Konsument und Produzent ist. Allerdings ist der Tofflersche Prosument ein autonomer Akteur, der ohne Kooperation mit einem Unternehmen produktive und konsumptive Aufgaben vollzieht.

Eine wesentliche Quelle unserer Ideen in diesem Buch ist die Konzeption einer **„Interactive Strategy"** von **Richard Normann und Rafael Ramirez** (1993, 1998) sowie von **Solveig Wikström** (1996). Diese Autoren können als Urheber einer modernen Debatte interaktiver Wertschöpfung zwischen Unternehmen und Kunden gesehen werden (siehe auch Ramirez 1999; Wikström und Normann 1994). Sie postulieren, dass die klassische **Trennung zwischen (materiellen) Produkten und Dienstleistungen heute hinfällig** ist, da alle Leistungen durch einen Kern oder eine Peripherie von Diensten geprägt werden, die ihren eigentlichen Wert darstellen. Prägendes **Merkmal von Dienstleistungen ist aber der Einbezug der Kunden** als externer Faktor in die Leistungserstellung.

Damit wird auch das von **Michael Porter** (1985) geprägte **Bild der „Wertschöpfungskette" in Frage gestellt**: Erfolg im Wettbewerb leitet sich nicht daraus ab, bestimmte festgelegte Aktivitäten entlang einer sequenziellen Abfolge zu positionieren, sondern ist vielmehr Resultat der Fähigkeit eines Unternehmens, mit allen an der Wertschöpfung beteiligten Akteuren ein geschlossenes und abgestimmtes Wertsystem zu schaffen (Normann und Ramirez nennen dieses „Value Constellation"). Wertschöpfung ist in dieser Vorstellung immer **„Co-Creation"** zwischen verschiedenen Akteuren.

Coimbatore Prahalad und Venkatram Ramaswamy (2000, 2004; Prahalad und Krishnan 2008) bauen auf dieser Vorstellung auf und geben eine moderne Interpretation der Gedanken von Normann und Ramirez vor dem Hintergrund der Möglichkeiten des Internets. Sie betonen vor allem das kontinuierliche Feedback, das Kunden Herstellern heute geben und das zur kontinuierlichen Weiterentwicklung und Konkretisierung von Leistungsbündeln beiträgt.

In der deutschen Managementforschung haben vor allem **Werner Engelhardt und Michael Kleinaltenkamp** und ihre Schüler eine deutsche Schule der **Kundenintegration** begründet (siehe zum Beispiel Engelhardt und Freiling 1995; Engelhardt et al. 1993; Fließ 2001; Jacob 1995, 2003; Kleinaltenkamp und Haase 2000; Weiber und Jacob 2000). Die Autoren argumentieren aus der Perspektive industrieller Märkte, wo eine Leistungserstellung in vielen Fällen durch individuelle und auf das Produktionssystem der Abnehmer ausgerichtete Prozesse geprägt ist. Die Erstellung einer individuellen Leistung bedarf jedoch zunächst einer intensiven Interaktion zwischen Anbieter und Abnehmern zur Konkretisierung dieser Leistung. Ein solches Leistungssystem ist vor allem durch zwei Eigenschaften geprägt: In einem ersten Schritt, einer autonomen Vorproduktion, stellt der Hersteller zunächst die Potenziale und Produktionsplattformen bereit. In einem zweiten Schritt werden unter Mitwirkung jedes Abnehmers in einem integrierten Prozess die Produkte konkretisiert und genutzt.

Vor allem aber liegen unserem Modell der IWS Beobachtungen der Forscher-Community um **Eric von Hippel** zugrunde (von Hippel 1998, 2005). Von Hippel und Kollegen betonen, dass Kunden bzw. Nutzer in verschiedensten Produktdomänen zunehmend selbstständig in der Lage sind, Produkte für den Eigenbedarf zu modifizieren oder gar vollständig (zumindest als Prototypen) zu entwickeln, das heißt ohne die Mitwirkung eines herstellenden Unternehmens. Diese fortschrittlichen Kunden werden als **„Lead User"** bezeichnet. Das sogenannte „Customer-active Paradigm" (CAP) nach von Hippel geht im Gegensatz zum traditionellen „Manufacturing-active Paradigm" (MAP) von einer extremen Form der Arbeitsteilung zwischen Unternehmen und Kunden aus, wobei der Aufwand vom Kunden zunächst autonom geleistet wird.

Eine wichtige Erweiterung der Diskussion bilden schließlich jüngere Arbeiten, die sich weniger auf die beitragenden Akteure und ihre Motivation als vielmehr auf die Organisation und Koordination der verteilten Wertschöpfung fokussieren. Das Modell der **„Commons-based Peer Production"**, das **Yochai Benkler** (2002, 2006) zur Beschreibung der Produktionsprinzipien der Open-Source-Softwareentwicklung formuliert hat, ist eine wichtige Grundlage zur Bildung von Organisationsregeln, wie sich die daraus folgende Arbeitsteilung zwischen Herstellerunternehmen und externen Akteuren koordinieren lässt. Aufbauend auf den Arbeiten von Benkler erschien eine Reihe populärwissenschaftlicher Managementbücher, die ebenfalls neue Formen der Organisation einer arbeitsteiligen Wertschöpfung in den Vordergrund stellen. Unter dem Titel „Wikinomics" veröffentlichte Don Tapscott (2007) eine Wertschöpfungsvision, die unserem Konzept der IWS nahekommt. Jeff Howe (2006, 2008) prägte hierfür den Namen **„Crowdsourcing"**, der sehr einprägsam die Weiterentwicklung klassischer Formen arbeitsteiliger Wertschöpfung in Netzwerken („Outsourcing") zu offenen Modellen der Zusammenarbeit mit einer Masse („Crowd") an Beitragenden beschreibt.

Ziel und Aufbau dieses Buchs. Unsere Vorstellung der IWS betont vor allem die aktive Kooperation und Zusammenarbeit zwischen Herstellern und Kunden bzw. Nutzern, greift aber auch Interaktionsbeziehungen mit anderen externen Akteuren auf. Wir fokussieren uns dabei hauptsächlich auf Innovation und die Entwicklung neuer Leistungen.

In Kap. 2 zeigen wir, wie sich aus der klassischen industriellen Vorstellung der Wertschöpfung (die aber immer noch das Denken vieler Manager und Wissenschaftler prägt) ein neues Wertschöpfungsmodell bildet. Ausgangspunkt der Darstellung ist die klassische industrielle Massenproduktion auf Basis tayloristischer Prinzipien der Arbeitsgestaltung und hierarchischer Organisationsstrukturen. Diese Vorstellung wird aber heute durch die Abflachung und Auflösung hierarchischer Unternehmensstrukturen zugunsten von Netzwerkorganisationen und einer Abwicklung auf Märkten verdrängt. Jedoch ist auch dieses Leitbild einer vernetzten Wirtschaft nur eine Zwischenstufe zur IWS, die wir in Kap. 3 mit ihren grundlegenden Prinzipien und Eigenschaften vorstellen.

In den weiteren Hauptteilen werden wir dann zwei grundlegende Formen der IWS unterscheiden und näher diskutieren, die Unternehmen als unterschiedliche strategische Stoßrichtungen verfolgen können. Je nach Ausmaß und Phase des Wertschöpfungsprozesses, in der die Kundenintegration stattfindet, sprechen wir von

- Open Innovation (Kap. 4): die Zusammenarbeit zwischen Unternehmen und externen Experten sowie Kunden und Abnehmern, die sich auf Wertschöpfungsaktivitäten im Innovationsprozess bezieht und auf die Entwicklung neuer Produkte für einen größeren Abnehmerkreis abzielt; oder
- Produktindividualisierung und Mass Customization (Kap. 5): die Zusammenarbeit zwischen Unternehmen und Kunden, die sich auf Wertschöpfungsaktivitäten im operativen Produktionsprozess bezieht und auf die Entwicklung eines individualisierten Produktes für einen Abnehmer abzielt.

Einladung zur interaktiven Weiterentwicklung dieses Buchs. In den letzten zehn Jahren haben sich die technologischen Möglichkeiten, die IWS ermöglichen, noch einmal entscheidend weiterentwickelt. Viele der Dinge, über die wir 2004 und 2005, als die erste Auflage dieses Buchs entstand, noch gestaunt haben, sind heute etablierte Realität. Die derzeit mit Begriffen wie „Industrie 4.0", „Digitale Transformation" oder „Cyber-Physikalische Systeme" bezeichnete Zunahme der Möglichkeit zu Kollaboration und Zusammenarbeit zwischen Unternehmen und Menschen, aber auch zwischen Maschinen und Menschen wie zwischen Maschinen hat die Optionen einer interaktiven Wertschöpfung radikal erweitert.

Deshalb laden wir Sie in Kap. 6 ein, auf einer interaktiven Online-Plattform das vorliegende Buch weiterzuentwickeln, es zu erweitern, zu aktualisieren und somit zu einem noch aktuelleren Werk zu machen!

Organisation der arbeitsteiligen Wertschöpfung: Der Weg zur interaktiven Wertschöpfung

2.1 Überblick: Verschiedene Vorstellungen von Wert und Wertschöpfung

„Wert" und „Wertschöpfung" sind einige der am meisten verwendeten Begriffe in der Managementliteratur. Das primäre **Ziel ökonomischer Aktivität ist, Wert zu schaffen**. Wert wird produziert, indem Menschen mit dem ihnen zur Verfügung stehenden Wissen und weiteren Ressourcen handeln (Normann und Ramirez 1998, S. 49). **Wertschöpfung** kann als die Nutzung dieses Wissens in einer arbeitsteiligen Organisation angesehen werden, als die Gesamtheit der Kenntnisse und Fähigkeiten, die Individuen und Organisationen zur Lösung des Wirtschaftlichkeitsproblems einsetzen: das Wissen über den Markt, über die Organisation von Wertschöpfungsprozessen und über die Führung von Menschen in einer von Güterknappheit gekennzeichneten Wirtschaft.

Einen Indikator für den „Wert" dieser Aktivitäten bildet der Preis einer Leistung. Dieser Preis drückt die Differenz zwischen den Aktivitäten der herstellenden Akteure und den Aktivitäten (bzw. der Zahlungsbereitschaft) der Abnehmer aus. Über den Kauf gewinnen Letztere Zugang (oder Eigentum) zu dem Ergebnis der Aktivitäten der Herstellerorganisation. Ökonomische Transaktionen können also generell als Austausch von Aktivitäten oder Ressourcen gesehen werden, die einen Preis haben.

In den letzten 100 Jahren hat sich unsere Vorstellung, wie und durch wen Wert geschaffen wird, stark geändert. Wir werden in diesem Kapitel die verschiedenen Vorstellungen diskutieren. Die folgenden Abschnitte geben einen ersten Überblick.

2.1.1 Taylor und die wissenschaftliche Betriebsführung

Die heute dominierende Vorstellung, wie Unternehmen Werte schaffen, kann auf Prinzipien zurückgeführt werden, die vor 100 Jahren in der aufkommenden Industriegesellschaft entwickelt wurden. Vor allem Frederick Taylors Ansatz des „Scientific Management" legte mit seinem Fokus auf die Senkung von Produktionskosten die Basis für alle folgenden Debatten (Wolf 2003). Rationalprinzip, Güterknappheit und das Allokationsproblem kennzeichnen die betriebswirtschaftliche Problemstellung von Organisation, Arbeitsteilung und Koordination der Wertschöpfung in Taylors Modell (Gutenberg 1951; Kosiol 1959).

Im deutschsprachigen Raum entwickelte sich auf Basis dieser Prinzipien die **betriebswirtschaftliche Entscheidungslehre**, die das Fach bis in die 1980er Jahre maßgeblich geprägt hat (Heinen 1976, 1991). In deren Modell setzen Entscheidungen über die zielorientierte Durchführung von Wertschöpfungsprozessen bei den Gegebenheiten der betrieblichen Produktionsfaktoren an: Betriebsmittel, Werkstoffe und Arbeit. Da die betrieblichen Produktionsfaktoren knappe Güter sind und einen Marktpreis haben, zielt die betriebliche Entscheidungsfindung nach dem Rationalprinzip darauf ab, die knappen Güter in ihre optimale Verwendungsrichtung zu lenken. Dies wird als das betriebliche Allokationsproblem bezeichnet.

2.1.2 Wertkettendenken und interorganisationale Netzwerke

Porters (1985) Modell einer **Wertschöpfungskette** präsentierte der Managementlehre einen integrierten Ansatz, der den Wertschöpfungsprozess von der Entwicklung über Produktion und Vertrieb bis hin zur Auslieferung von Gütern und Leistungen mit Hilfe des Produktionsfaktors Information abbilden soll. Anfang der 1990er Jahre wurde durch Hammer und Champy (1993) mit der Idee des **Business Process Reengineering** ein vertiefender und in der Wirtschaft begeistert aufgenommener Ansatz vorgestellt, wie durch Kostenreduktion und eine Fokussierung auf die interne Effizienz in einem Unternehmen Wert geschaffen werden kann. Diese interne Sichtweise wurde später um das **Bild eines grenzenlosen Unternehmens** erweitert, in dem ein eng verbundenes Netzwerk professioneller Akteure eine abgestimmte und friktionslose Wertschöpfungskette schafft, die viele Organisationen umfasst (Picot und Reichwald 1994; Sydow 1992; Reichwald et al. 2000).

Die **Zulieferer** (und Zulieferer der Zulieferer) wurden in die Suche nach neuen Wertschöpfungsarrangements einbezogen, wie wir noch vertiefend diskutieren werden. Mit dem Aufkommen des Internets und den daraus folgenden Potenzialen zur Senkung von Transaktionskosten wurde eine **neue Dimension der organisatorischen Effizienz** eingeläutet (Picot et al. 2003), indem nun auch die Aktivitäten an der Schnittstelle zwischen einem Hersteller(-netzwerk) und den Abnehmern in den Fokus der Effizienzbetrachtung einbezogen werden. Entlang aller Stufen dieser Evolution steht dennoch stets die Annahme, dass das **Streben nach interner Kosteneffizienz** (das heißt die Steigerung der Differenz zwischen dem möglichen Preis und den Kosten der Erstellung einer Leistung) **die Quelle betrieblicher Wertschöpfung** ist (Prahalad und Ramaswamy 2004).

2.1.3 Interaktive Wertschöpfung (IWS)

Doch Kunden und Nutzer honorieren in der Regel **nicht die interne operative Effizienz** eines Anbieters. Sie mögen zwar günstige Preise als Resultat dieser Effizienz, doch hat sich stets gezeigt, dass das Streben nach immer weiterer operativer Effizienz innerhalb eines Netzwerks keine Quelle nachhaltiger Wettbewerbsvorteile ist (Porter 1996). **Operative Effizienz** ist eine notwendige, aber **keine hinreichende Bedingung** für einen **dauerhaften Wettbewerbsvorteil**. Vielmehr zeigt sich heute, dass vor allem die **Gestaltung der Schnittstellen** und der Aktivitäten an der Peripherie eines Unternehmens zu Marktpartnern wesentliche Ansatzpunkte für die Schaffung von Wert bildet. Damit tritt eine Akteursgruppe in den Mittelpunkt der Betrachtung, die bislang in der Debatte um die Gestaltung der Wertschöpfung weitgehend ausgeblendet war: **die Kunden und Nutzer** einer Leistung.

Wir sehen heute, dass Kunden das Ergebnis betrieblicher Wertschöpfung **nicht nur konsumieren**, sondern **selbst einen wesentlichen Beitrag zu der Schaffung von Wert** leisten (Ramirez 1999). Dies geschieht dabei zum einen autonom in der Kundendomäne (ein Bereich, der in der Mikroökonomie schon lange im Zusammenhang mit **Konsumentenproduktion** untersucht wurde, siehe zum Beispiel Becker 1965; Lancaster 1966; Ratchford 2001; Stigler und Becker 1977), zum anderen auch in einem **interaktiven und kooperativen Prozess mit Herstellern** und anderen Nutzern einer Leistung. Kunden und Nutzer tragen dazu bei, die Kenntnisse, Fähigkeiten und Ressourcen eines Herstellers zu erweitern (Gibbert et al. 2002). Die Kunden werden als strategischer und wichtiger Faktor in die Aktivitäten integriert, die in einem **erweiterten Wertschöpfungsnetzwerk** Wert schaffen. Die Wahrnehmung dieses Wertes umfasst dabei weit mehr als die Erhöhung der Differenz zwischen Zahlungsbereitschaft und interner Effizienz. Hauptreiber dieses Wandels sind die neuen Technologien, insbesondere die Informations- und Kommunikationstechnologien, die die betrieblichen und überbetrieblichen Wertschöpfungsprozesse vollständig verändert haben.

2.1.4 Von Hierarchie und Markt zur „Commons-based Peer Production"

Entlang dieser Evolution der Organisation arbeitsteiliger Wertschöpfung ändert sich aber nicht nur die Sichtweise, welche Akteure am Wertschöpfungsprozess aktiv beteiligt sind (vom internen Fokus bei Taylor über Netzwerke mit festen Partnern bis zur Interaktion mit den Kunden bzw. Nutzern), sondern auch die Vorstellung, wie das **Organisationsproblem**, das heißt die Koordination und Motivation der einzelnen Akteure, die die Gesamtaufgabe arbeitsteilig vollziehen, am besten gelöst werden kann. Taylors Modell setzt vor allem auf die hierarchische Koordination und Motivation durch finanzielle Anreize in einem geschlossenen Wertschöpfungssystem. Die Netzwerkansätze erweitern diese Vorstellung um eine Kombination marktlicher und hierarchischer Koordinationsformen und betonen darüber hinaus auch eine Motivation durch nicht-monetäre Anreize.

Benkler (2002, 2006) ergänzt mit einem Modell der **Commons-based Peer Production** diese **beiden klassischen Koordinationsformen (Hierarchie und Markt)** durch einen **dritten Weg**: die **Selbstselektion und Selbstorganisation** von Aufgaben durch (hoch) spezialisierte Akteure, deren Motivation vor allem die (eigene) Nutzung der kooperativ geschaffenen Leistungen ist, die jedoch durch eine Vielzahl weiterer sozialer, intrinsischer und extrinsischer Motive ergänzt werden kann. Diese Organisationsprinzipien, die auch unter dem Begriff Crowdsourcing Verbreitung gefunden haben, sind in unserem Verständnis der IWS ein zentrales Prinzip zur Bildung von Organisationsregeln.

Schauen wir uns diesen Weg von der klassischen hierarchischen Organisation bis zur IWS im Folgenden etwas genauer an. Wir fokussieren uns hierbei auf den Weg von der tayloristischen Betriebsführung zur modernen Netzwerkorganisation. Die Besonderheiten der IWS betrachten wir dann gesondert und ausführlich in Kap. 3.

2.2 Die tayloristische Industrieproduktion: Produktivitätsoptimierung unter stabilen Bedingungen und hierarchische Organisation der Arbeitsteilung

Das Handeln vieler Unternehmen ist häufig noch durch traditionelles Erfahrungswissen der industriellen Organisation geprägt. Diese basiert auf den Leitsätzen des „**Scientific Management**", also der „wissenschaftlichen Betriebsführung", die insbesondere auf das Werk von F. W. Taylor (1913) zurückgehen. Ihre Anwendung führte nicht nur vor knapp 100 Jahren zum Aufstieg des Unternehmers **Ford** zu einem der weltgrößten Industriellen, sondern beeinflusst auch heute noch die Strukturen und Prozesse in vielen Unternehmen, aber auch die Entwicklung des klassischen betriebswirtschaftlichen Instrumentariums der Führungs-, Anreiz- und Kontrollsysteme.

Wesentliche **Merkmale einer tayloristischen Industrieorganisation** sind die funktionale Arbeitsteilung in der Aufbauorganisation und der mit den Methoden der Arbeitsanalyse systematisch entwickelte „One best way" der Ablauforganisation. In der Denkwelt des tayloristischen Ansatzes kann das komplexe Problem der Koordination der betrieblichen Leistungserstellung für eine gegebene Ausstattung und Anordnung von Produktionsfaktoren durch folgende Gestaltungsprinzipien „optimal" gelöst werden (Picot et al. 2003):

- Konzentration der Arbeitsmethodik auf eine weitestgehende Arbeitszerlegung;
- personelle Trennung von dispositiver und ausführender Arbeit;
- räumliche Ausgliederung aller planenden, steuernden und kontrollierenden Aufgaben aus dem Bereich der Fertigung.

Auf diese Weise konnte das komplexe **Koordinationsproblem** zwar „optimal" über die Ausstattung und Anordnung der Produktionsfaktoren gelöst werden, jedoch wurde der

Mensch lediglich als ein funktionsfähiger Produktionsfaktor betrachtet, der als Befehlsempfänger und -umsetzer in den Fertigungsprozess integriert wurde. Die Kommunikationsbeziehungen folgten den hierarchischen Strukturen. Es entstand eine streng formalisierte, durch feste Regeln vorgeschriebene Kommunikation über die Hierarchiestufen, der sogenannte Dienstweg. Das Kommunikationsverhalten zwischen Vorgesetzten und Untergebenen war vom Rollenverständnis des Vorgesetzten als Befehlsgeber und des Untergebenen als Befehlsempfänger geprägt.

Im Mittelpunkt der wissenschaftlichen Betriebsführung stehen nicht die Menschen, sondern **Strategien zur Rationalisierung der Güterproduktion**. Die betriebswirtschaftliche **Produktionstheorie** erklärt die funktionalen Zusammenhänge zwischen der Menge der eingesetzten Produktionsfaktoren und der Menge der damit hergestellten Produkte (Beispiele bilden der Maschinenbau, Werkzeuge oder Automobile). Zur Lösung des Allokationsproblems in der Wertschöpfung benötigen Entscheidungsträger **Kosteninformationen**. In Kostenfunktionen werden die Verbrauchsmengen der betrieblichen Produktionsfaktoren bewertet.

Auf Basis dieses Wissens sind im letzten Jahrhundert die Systeme der industriellen Produktionsplanung und -steuerung sowie die Systeme der betrieblichen Kosten- und Leistungsrechnung entstanden, deren Prinzipien in der industriellen Praxis bis heute Anwendung finden. Hier sei auf die umfassende betriebswirtschaftliche Literatur der **industriellen Produktionswirtschaft** verwiesen (zum Beispiel Corsten 2003; Heinen 1991; Schweitzer und Küpper 1997; Zahn und Schmid 1996; Zäpfel 1982). Die Ausrichtung an Produktivität und Kostenwirtschaftlichkeit als leitende Zielsetzungen orientiert sich an der **Unternehmensstrategie der Kostenführerschaft** und den Produktivitätseffekten von Betriebsgrößenvariationen.

Dadurch konnten umfangreiche **kostenmäßige Größenvorteile** ausgenutzt werden; nämlich Skaleneffekte („**Economies of Scale**") und Verbundeffekte („**Economies of Scope**"), die vielfach zur Begründung der Vorteilhaftigkeit einer internen „administrativen" Koordination von Großunternehmen durch hierarchische Strukturen herangezogen werden (Chandler 1977, 1980, 1990). Diese Managementprinzipien führten zu beachtlichen Erfolgen durch die systematische Gewinnung, Perfektionierung und Anwendung von Methoden zur Optimierung von Fertigungsprozessen.

Große Erfolge wurden in der Vergangenheit aber nur dadurch erzielt, dass langfristig **stabile äußere Rahmenbedingungen** in klare Prinzipien unternehmerischen Handelns übersetzt werden konnten. Heute aber haben sich viele dieser Rahmenbedingungen gewandelt, wie wir im Folgenden noch diskutieren werden. **Damit sind neue Prinzipien erforderlich**. Doch fällt vielen Managern die Loslösung von den klassischen Prinzipien schwer, denn diese Grundsätze sind über Jahrzehnte gefestigt und liegen heute gewissermaßen „fest verdrahtet" vor, zum Beispiel in der Aufgabendefinition und Zuständigkeitsabgrenzung von Managementressorts, in der Definition von Ausbildungsinhalten, Qualifikationen und Mitarbeiterkompetenzen, in Auswahl und Aufbau betrieblicher Informationssysteme sowie im Zuschnitt der Außenbeziehungen von Unternehmen.

2.3 Grenzen des Taylorismus: Heterogenisierung der Nachfrage und Empowerment aktiver Kunden

Die tayloristische Wertschöpfungsorganisation prägt bis heute die Industrieproduktion. Doch ihr Erfolg ist wesentlich von stabilen und langfristig prognostizierbaren Marktbedingungen abhängig, die eine Produktion großer Mengen an homogenen Massengütern erlauben. Doch gibt es für solche Produkte immer seltener einen Markt. Wichtigste Ursache, warum die tayloristischen Prinzipien heute immer weniger Anwendung finden, ist der **Wandel der Absatzmärkte**. Wir wollen in diesem Abschnitt mit der **Heterogenisierung der Nachfrage** und der **wachsenden Nachfragemacht** zwei zentrale Trends betrachten, die für unser Modell der IWS eine wesentliche Grundlage bilden.

„It is the customer who determines what a business is", sagte Peter Drucker (1954, S. 37) in einem viel zitierten Ausspruch. Galt diese Aussage für viele Unternehmen bislang eher abstrakt, so wird sie heute immer mehr zur sprichwörtlichen Wahrheit. Viele Kunden fordern heute Produkte, die genau ihre individuellen Bedürfnisse erfüllen. Zwar ist die Einsicht, dass Kundenwünsche nicht homogen, sondern heterogen und verschieden sind, nichts Neues und wurde mikroökonomisch schon lange modelliert (Chamberlin 1950, 1962). Doch erst die heutige Marktsättigung und der starke Wettbewerb haben dazu geführt, dass Kunden, unterstützt durch größere Informationsvielfalt durch das Internet, auch ihre Forderung nach individuellen Produkten durchsetzen und Unternehmen zu einer Reaktion zwingen können.

2.3.1 Gründe für eine zunehmende Individualisierung der Nachfrage

Wir wollen im Folgenden einen Überblick wichtiger Gründe geben, warum eine Individualisierung der Märkte (bzw. Heterogenisierung der Nachfrage) weiter fortschreitet (siehe ausführlich Anderson 2006; Piller 2006; Zuboff und Maxmin 2002).

Der **Industriegüterbereich** ist seit jeher durch eine ausgeprägte Individualisierung als Folge der Verwendung der nachgefragten Güter in der (individuellen) Wertkette der Abnehmer gekennzeichnet (Kleinaltenkamp und Marra 1995; Stotko 2005). Die bezogenen Produktionsfaktoren sollen den firmenspezifischen Besonderheiten ihrer Verwendung in den Wertschöpfungsaktivitäten entsprechen. Da die einzigartige Gestaltung der Wertaktivitäten nicht nur Basis zum Aufbau dauerhafter Wettbewerbsvorteile ist (Porter 1996), sondern zwangsläufig auch zu stark heterogenem Bedarf der nachfragenden Betriebe führt, hat die Individualisierung hier schon lange eine sehr hohe Bedeutung.

Diese Individualisierung im Industriegüterbereich wird heute durch eine **zunehmende Individualisierung im privaten Verbrauch** ergänzt. Dazu tragen unter anderem Änderungen im beruflichen Umfeld vieler Konsumenten bei. Der weitgehende Wandel der Arbeit in entwickelten Gesellschaften von körperlicher zu einer reinen „Wissensarbeit" betont die kreative Nutzung des Humankapitals. Die dadurch bedingte qualifiziertere Ausbildung und eine ständige Weiterbildung lehren den Menschen, die Komplexität von Problemen zu erkennen und alternative Perspektiven zu betrachten.

Auch wächst mit **zunehmendem Wohlstand**, der sich u. a. in einem höheren Einkommen, mehr Freizeit und einem höheren Bildungsniveau manifestiert, der Wunsch nach individuellen Produkten. Diesen Zusammenhang beschrieb nicht nur Maslow mit seiner Bedürfnispyramide, sondern hier setzt auch die soziologisch begründete Argumentation der Individualisierung an. Wissenschaftler wie Beck (1986) oder Scitovsky (1989) halten die Massenproduktion für eintönig und neuen Ansprüchen nicht mehr angemessen, da „das menschliche Bedürfnis nach Abwechslung und Neuheit genauso groß ist wie der Wunsch zu überleben. Die Massenproduktion hat ihren Reiz verloren, weil immer mehr Menschen die gleichen oder ähnliche Gegenstände besitzen" (Fournier 1994, S. 59). Hinzu kommen noch die steigende Zahl an Single-Haushalten und Veränderungen in der Zusammensetzung der Bevölkerung (nationale Identität, soziale Gruppen), die ebenfalls zu einer Fragmentierung der Nachfrage führen.

Neben einer zunehmenden Pluralisierung individueller und gesellschaftlicher Wertsysteme ist der Wertewandel auch gekennzeichnet durch eine verstärkte **Hinwendung zur Erlebnisorientierung** und ein neues Qualitäts- und Funktionalitätsbewusstsein, das langlebige und verlässliche Produkte fordert. Hinzu kommt in allen Konsumentenschichten ein steigendes Engagement im Freizeitbereich. Im Zusammenhang mit kleineren Haushaltsgrößen und abnehmenden familiären Bindungen können speziellere Hobbys und Interessen verwirklicht werden. Dieser **soziale Individualismus** überträgt sich auf die materiellen Bedürfnisse.

2.3.2 Hintergründe und Kennzeichen einer zunehmenden Macht der Abnehmer

Diese Entwicklungen auf der Nachfragerseite verdienen insbesondere deshalb besondere Beachtung, da zunehmende globale Konkurrenz und steigender Marktdruck viele Branchen von Verkäufer- zu **Käufermärkten mit stark ausgeprägter abnehmerseitiger Verhandlungsmacht** gewandelt haben. Zeichen hierfür ist bei industriellen Abnehmern die wachsende Bedeutung eines systematischen Beschaffungsmanagements (Lieferantenscreening und -analyse, Qualitätspolitik). Hinzu kommt, dass sich nicht wenige Branchen durch eine erhebliche Nachfragekonzentration auszeichnen. Das damit verbundene Verhandlungspotenzial wird von den nachfragenden Unternehmen heute konsequent eingesetzt und führt zu einer Verschärfung des Wettbewerbs.

Damit können sich Anbieter in diesen Märkten nicht mehr auf eine der klassischen Wettbewerbsstrategien Kostenführerschaft oder Differenzierungsstrategie (Porter 1980) verlassen, sondern müssen trotz hoher Differenzierung und passender Produkte auch günstigste Preise anbieten. Eine solche **Hybridstrategie** verlangt aber eine andere Ausrichtung der betrieblichen Wertschöpfungssysteme, die in den klassischen Prinzipien nach Taylor nicht vorgesehen ist (Corsten und Will 1995; Piller 1998).

Diese Forderung gilt heute auch für Hersteller von **Leistungen für private Konsumenten**. In diesem Bereich ist trotz eines größeren und komplexeren Produktangebots heute eine zunehmende Aufgeklärtheit der Käufer festzustellen. MacDonald und Tobin

(1998) sprechen analog zum „Empowerment" der Mitarbeiter eines Unternehmens von einem **Empowerment der Abnehmer**. Die aktive Rolle der Kunden im Wertschöpfungsprozess gilt als direkte Folge dieses Empowerment (Gouthier 2004; Hennig-Thurau 1998; McKenna 2002; Seybold et al. 2001).

Die Ursachen für eine zunehmende Macht der Kunden sind vielfältig (die meisten Gründe gelten sowohl für private als auch industrielle Kunden): Dank der **Informationstransparenz durch das Internet** ist nicht nur eine lokale Preisdiskriminierung immer schwieriger durchzusetzen, sondern vor allem Kundenbewertungen und -empfehlungen gewinnen stark an Bedeutung. Solche Bewertungen stammen entweder von professionellen Akteuren wie der „Stiftung Warentest" oder aber direkt von Konsumenten, die sich auf Meinungsplattformen und in Online-Katalogen über ihre Erfahrungen mit einer Leistung austauschen. In diesen Bewertungen wird meist das Produkt mit dem besten Preis-Leistungs-Verhältnis betont. Der Preis büßt so seine Wirkung als Qualitätsindikator immer mehr ein (Fleck 1995, S. 46). Kunden kaufen heute von einem Anbieter, der weiß, dass seine Kunden alles über das jeweilige Gut wissen und welche Alternativen es gibt, dass sie wissen, wer auf der Welt dieses Gut noch verkauft und welche Reputation der jeweilige Anbieter hat.

Doch Kunden loben oder kritisieren nicht nur schneller und lauter, sondern handeln heute auch aktiver, um sich selbst eine Lösung zu schaffen, die ein Hersteller nicht oder nicht bequem genug anbietet. Ihre Motivation ist dabei vor allem, diese **Lösung selbst für ein offenes Bedürfnis** zu nutzen – und in der Regel nicht, sie zu verkaufen. Hierbei werden die Kunden durch eine vielfältige neue Infrastruktur unterstützt, die oft über das Internet transaktionskostenminimal bereitgestellt wird.

Unternehmen wie Cafepress oder Lulu.com unterstützen Konsumenten bei Publikation, Druck und Vertrieb von Büchern und anderen Drucksachen. Das Konsumentenmagazin MAKE (makezine.com) stellt detaillierte Anregungen und Anleitungen zur Verfügung, wie Kunden von den Herstellern auferlegte Beschränkungen von Produkten umgehen können (zum Beispiel den Kopierschutz bei digitalen Videorekordern, die Wiederverwendung von Einwegkameras, das Auswechseln von Batterien von iPods). FabLabs oder TechShops erlauben Konsumenten gar Zugang zu einer kompletten industriellen Produktionsapparatur. Maschinen und Werkzeuge, die sonst nur professionellen Nutzern zur Verfügung standen oder hohe Investitionskosten hatten, können dank ihrer Digitalisierung viel einfacher von jedem Interessenten genutzt werden. Damit löst sich die Trennung zwischen Konsumenten und Produzenten zunehmend auf.

2.3.3 Aktiver Kunde vs. Zwangsarbeiter Kunde

Es ist wichtig, diese Form des freiwillig aktiven Kunden vom **„Zwangsarbeiter Kunde"** zu unterscheiden, der als Folge von Rationalisierungsbestrebungen von Unternehmen dazu „gezwungen" wird, bestimmte Aufgaben selbst zu erfüllen. Der zunehmende Grad an

Selbstbedienungsangeboten (vom Bankautomaten über Self-Check-In im Hotel bis zum Selbstmanagement der Finanzen im Online-Banking) ist eine typische Reaktion vieler Unternehmen in der Tradition tayloristischen Denkens: Im Vordergrund steht das Streben nach weiterer operationaler Effizienz. Auch wenn dies aus Kundensicht nicht immer so negativ gesehen wird, wie es Voß und Rieder (2005) in ihrem Buch „**Der arbeitende Kunde**: Wenn Konsumenten zu unbezahlten Mitarbeitern werden" schildern, so ist unbestritten, dass ein immer weiter gehender Grad an „Outsourcing von Arbeit" an die Nutzer zu negativen Serviceerlebnissen oder Überforderung mancher Kunden führen kann.

Der aktive und „empowerte" Kunde im Verständnis unserer Argumentation aber wird nicht aktiv, weil ihn ein Unternehmen dazu zwingt, sondern aus **eigenem Antrieb**. Diese wichtige Unterscheidung ist eine Hauptthese dieses Buchs und eine **wesentliche Abgrenzung unserer Argumentation** zu anderen Arbeiten über Co-Produktion. Denn mit zunehmender Heterogenität von Kundenanforderungen geht vor allem oftmals auch ein **Wunsch nach besonderen Produkten oder Leistungen** einher, die durch das derzeitige Angebot der jeweiligen Hersteller auf einem Markt nicht gedeckt werden. Wie wir noch ausführlich sehen werden, ist es vor allem der Wunsch zur Lösung eines speziellen Problems oder einer besonderen Anforderung, der Kunden zu kreativen Mitwirkenden ehemals rein betrieblicher Wertschöpfung werden lässt.

Zahlreiche Studien zeigen heute, dass **fortschrittliche Kunden** regelmäßig nicht auf eine Lösung durch einen Hersteller warten, sondern selbst aktiv werden und passende Produkte für ihre neuartigen Anforderungen entwickeln bzw. zumindest einem Hersteller den entscheidenden Impuls für eine solche Entwicklung selbst vermitteln (zum Beispiel Franke und Shah 2003; Franke und von Hippel 2003; Lüthje 2004; von Hippel 2005).

2.3.4 Die klassische Reaktion der Anbieter auf die zunehmende Individualität

Viele Anbieter reagieren auf die Heterogenisierung der Nachfrage mit einer immer ausgedehnteren **Modell- und Variantenvielfalt** (Cox und Alm 1999; Piller 1998). Vorhandene Grundprodukte werden um neue Variationen für immer kleinere, in sich aber homogene Marktsegmente erweitert, indem für jede Nische eine eigene Produktvariation inklusive begleitender Vermarktungsmaßnahmen entworfen wird. Doch die vermeintlich marktbezogene **Variantenfertigung** bedeutet in der Regel eine große Produktpalette ähnlicher Erzeugnisse in geringen Mengen, die vorab auf Lager produziert werden.

Dabei sind die genauen Absatzzahlen aber immer schwerer zu prognostizieren, da die Fertigung lediglich auf Marktprognosen und Schätzungen des Vertriebs basiert. Bei gleichbleibenden oder nur leicht steigenden gesamten Absatzzahlen nimmt zudem der Aufwand der Marktbearbeitung enorm zu. Diese Vorgehensweise führt so vor allem zu einer **steigenden Komplexität** – in der Produktion gleichermaßen wie im Produktmanagement und Vertrieb. Besonders schwerwiegend erscheint, dass diesen Problemen mit

Ausnahme einer etwas besseren Annäherung an die Präferenzstruktur der Kunden keine neuen erlösseitigen Potenziale gegenüberstehen. Die vermeintlich kundennahe Variantenfertigung entpuppt sich oft als teure und unzulängliche Fehlentscheidung.

Dies ist ein weiteres Zeichen, dass die klassischen Prinzipien der industriellen Betriebsführung an ihre Grenzen stoßen. In Käufermärkten rücken die betriebswirtschaftlichen Ziele „Qualität", „Zeit" (Entwicklungs- und Lieferzeit) oder „Flexibilität" als **gleichwertige Ziele** neben die klassischen Ziele „Produktivität" und „Kostenwirtschaftlichkeit". Hierzu bieten neue Technologien eine Vielfalt von Potenzialen. **Neue Fertigungstechnologien** (computerintegrierte Produktion und flexible Fertigungssysteme) lösen die Zielkonflikte zwischen Flexibilität (Variantenvielfalt) und Qualität einerseits und Produktivität und Effizienz andererseits auf. Es sind aber vor allem neue **Informations- und Kommunikationstechnologien**, die eine tiefgreifende Veränderung der unternehmerischen Wertschöpfung erlauben. Im Mittelpunkt steht dabei die Ausbildung von Netzwerken zwischen verschiedenen Organisationen. Hiervon handelt Abschn. 2.4.

2.4 Auflösung der Unternehmensgrenzen: Von der internen Abwicklung zu Netzwerken und Märkten

Die Fortentwicklung der klassischen Organisation industrieller Wertschöpfung ist der Aufbau von Koordinationskompetenz überbetrieblicher Wertschöpfungsprozesse in industriellen Netzwerken (anstelle der klassischen Kompetenz zur optimalen Allokation betrieblicher Ressourcen *im* Unternehmen).

Ein klassisches Beispiel ist der **Computerhersteller Dell**. Sein Gründer, Michael Dell, entwickelte weniger innovative Produkte als vielmehr eine hoch innovative Art und Weise, wie diese kundenzentriert hergestellt und vertrieben wurden. Er konnte so durch eine radikale Weiterentwicklung der klassischen Wertschöpfungsprinzipien ein äußerst erfolgreiches Unternehmen schaffen: Grundidee war, zum einen alle Produkte nur auf individuelle Bestellung eines Kunden zu fertigen, wobei die Kunden innerhalb vorgegebener Optionen ihren Wunsch-PC zusammenstellen konnten. Zum anderen integrierte Dell sehr eng Zulieferer und Logistikdienstleister, um diese individuellen Computer schnell und flexibel herstellen zu können. Nicht mehr ein physisches Unternehmen, sondern ein Datennetz wird zur zentralen Wertschöpfungsplattform. Die Geschäftsidee Michael Dells hatte ihren Fokus im Aufbau von Kompetenz zur Koordination überbetrieblicher Wertschöpfungsprozesse in einem Netzwerk.

Das Dell-Modell war dabei nicht nur eine erfolgreiche Antwort auf die Individualisierung der Nachfrage, sondern auch ein beeindruckendes Beispiel für die bis heute vorherrschende Beständigkeit der alten Prinzipien industrieller Wertschöpfung: Keiner der bereits vor Dell etablierten großen Computerhersteller, die alle dem klassischen intern ausgerichteten tayloristischen Denken entsprungen waren, konnte das Dell-Modell im PC-Markt erfolgreich kopieren. Dell hatte als Start-up-Unternehmen den großen Vorteil, keinen Ballast konventionellen Denkens tragen zu müssen, und konnte konsequent alle Wertschöpfungsaktivitäten auf sein neues Modell ausrichten. Das Dell-Modell zeigt aber auch, dass einige der Prinzipien klassischer Betriebsführung an sich weiterhin Bestand und als Gesetzmäßigkeit Richtigkeit haben (Dell setzt zum Beispiel stark auf Skaleneffekte im Einkauf und nutzt durch seine modularen Rechnerarchitekturen starke Verbundeffekte).

2.4.1 Zunehmende Bedeutung von Netzwerkarrangements

In vielen Branchen ist heute eine **Wertschöpfung in Netzwerken** die dominierende Form geworden. Viele Unternehmen versuchen aus Gründen der effizienten Differenzierung, sich auf ihre **Kernkompetenzen** zu beschränken, das heißt auf die Bereiche, in denen sie besondere Kompetenzen zur Erfüllung der Kundenwünsche haben. Dies bedeutet aber auch, dass sie alle Aktivitäten, die nicht diesen Kernfunktionen angehören, an externe Lieferanten abgeben, die zu ihrer Erbringung eine Vielzahl an Spezialisierungseffekten haben (auf Basis der Economies of Scale und Scope). Das Ergebnis sind sowohl vertikale Partnerschaften entlang der Supply Chain (Zuliefererintegration in die Fertigung) als auch horizontale Partnerschaften in Entwicklung oder Vertrieb (zum Beispiel Vertriebskooperationen). Diese Aspekte sind breit in der Literatur beschrieben worden und sollen hier nicht weiter ausgeführt werden (siehe dazu zum Beispiel Frohlich und Westbrook 2001; Picot und Reichwald 1994; Picot et al. 2003).

Kooperationen in Netzwerken stellen so genannte **hybride Organisationsformen** dar, die auf einem Kontinuum zwischen den beiden Extremformen Markt und Hierarchie angesiedelt sind (Picot et al. 2003). Sie vereinigen Elemente marktlicher als auch hierarchischer Organisation. Dazu zählen beispielsweise langfristig angelegte Unternehmenskooperationen, strategische Allianzen, Joint Ventures, Franchisingsysteme, Lizenzvergabe an Dritte, dynamische Netzwerke sowie langfristige Abnahme- und Belieferungsverträge. **Ziel von Netzwerkorganisationen** ist die Kombination der Vorteile von hierarchischen und marktlichen Organisationsformen: Die Zusammenlegung von komplementären Ressourcen verschiedener Unternehmen für die gemeinsame Wertschöpfung soll nahezu die Effizienz einer einheitlichen hierarchischen Organisation erreichen. Gleichzeitig sollen aber die Flexibilität und Autonomie der einzelnen Unternehmen aufrechterhalten werden, indem sich die Unternehmen durch marktliche Arrangements nur lose aneinanderbinden.

Allerdings tritt in hybriden Organisationsformen das Problem der Koordination und Motivation in den Vordergrund. Es geht primär darum, die aus den Netzwerkbeziehungen resultierenden Tausch- und Abstimmungsvorgänge möglichst effizient zu gestalten. Während in der klassischen Theorie der Unternehmung Produktivität und Produktionskosten die Kriterien für die Gestaltung der industriellen Wertschöpfung bilden, sind es nun die **Kosten der Information und Kommunikation**, die **Transaktionskosten**, die den Pfad erfolgreicher Unternehmensführung bestimmen.

2.4.2 Von Netzwerkorganisationen zu Move to the Market

Jedoch haben neben den Netzwerkarrangements, die einer kooperativen Form der Leistungserbringung entsprechen, auch die Möglichkeiten einer (rein preisgetriebenen) Abwicklung von Transaktionen **auf Märkten** an Bedeutung gewonnen. Malone, Yates und Benjamin (1987) beschreiben mit ihrer „**Move-to-the-Market**"-**Hypothese** den erweiterten Spielraum, in dem eine Koordination durch Märkte auch für den Leistungsaustausch von spezifischen Produkten und Dienstleistungen die transaktionskostenminimale Alternative ist.

Durch die fallenden Transaktionskosten der Informationssuche, Vereinbarung und Produktbewertung können **Informationsasymmetrien und Unsicherheiten** über das Verhalten des Anbieters besser **abgebaut werden**. Kosten für die Suche von Preis- und Produktinformationen werden weitgehend reduziert, so dass die Markttransparenz und damit die Marktmacht der Kunden steigen. Die Notwendigkeit für Kunden, sich zum Zweck der Unsicherheitsreduktion längerfristig an einen Anbieter zu binden, wird weniger wichtig, wenn sich die Suche nach dem günstigsten und besten Anbieter verstärkt lohnt.

Die heute etablierte Rolle des Internets als Vertriebskanal beschleunigt diese Entwicklung. Denn damit lassen sich nun auch komplizierte Produkteigenschaften durch hohe Bildauflösungen, Videosequenzen, 3D-Animationen oder Virtual Reality kommunizieren. Nachfrager können dadurch nicht nur standardisierte, sondern auch komplexere Güter evaluieren, ohne große Unsicherheiten in Kauf nehmen zu müssen. Andererseits versetzen geringe Kosten bei Informationssuche und Produktbeurteilung die Nachfrager auch in eine stärkere Verhandlungsposition, was prinzipiell den Preiswettbewerb unter den Anbietern verschärft. Zwar belegen bestehende Preisunterschiede zwischen Internetanbietern, dass die Bedingungen vollständiger Information hier ebenfalls nicht vollständig erreicht werden. Insgesamt jedoch ist unbestritten, dass im „Frictionless Commerce" die Kunden gegenüber den Anbietern durch verbilligte Informationssuche, höhere Markttransparenz sowie steigenden Preiswettbewerb profitieren.

Zusammenfassend zeigen sich so zwei wesentliche Entwicklungen:

1. Die neuen Informations- und Kommunikationstechnologien erlauben eine **intensive Zusammenarbeit in Netzwerken**, ohne dass dabei hohe Interaktions- und Transaktionskosten die Vorteile einer solchen Zusammenarbeit wieder aufheben. Typische Zeichen dieser Netzwerkpartnerschaften sind häufig ein hoher Grad an Vertrauen zwischen den Partnern und eine dauerhafte Zusammenarbeit.
2. Zugleich **sinken die Kosten der Informationssuche**. Dies reduziert aus Nachfragersicht die Informationsasymmetrie, Unsicherheit und Komplexität von Produktbewertungen. Aus Kundensicht wird so das Bedürfnis nach Loyalität zu und Bindung an einen einzigen Anbieter in langfristigen Kundenbeziehungen zugunsten der Suche nach dem günstigsten Anbieter auf dem Markt geringer. Für Anbieter ergibt sich aus der erhöhten Markttransparenz ein härterer Preiswettbewerb.

Das **Beispiel von Dell** zeigt einen Ausweg aus dieser Situation: Neben der hoch flexiblen Netzwerkorganisation des Unternehmens in Bezug auf die operativen Aktivitäten erlaubt der Fokus auf eine Individualisierung der Produkte Dell auch, den Preiskampf im Internet zu umgehen. Der modulare Aufbau der Produkte ermöglicht dem Unternehmen zunächst in der Werbung, sehr günstige Einstandspreise anzugeben. Kunden, die sich jedoch einmal im Konfigurator oder im Telefonverkaufssystem befinden, werden ständig dazu angehalten, Upgrades bzw. höherwertige Komponenten zu bestellen bzw. ihre Bestellung um Peripheriegeräte zu erweitern (eine Intensivierung der Interaktion ist ein klassisches Mittel zur Erhöhung der Zahlungsbereitschaft; siehe Franke und Piller 2004). Damit steigt der Wert einer Bestellung erheblich – und damit die Marge des Unternehmens. Dennoch gilt Dell aus Kundensicht als günstiger Anbieter, da die individuelle Bündelung bzw. Zusammenstellung die Preistransparenz sehr erschwert. Hintergrund dieser Potenziale ist die Besonderheit der individuellen Interaktion mit jedem einzelnen Abnehmer, die Dell im Vergleich zu einem klassischen Anbieter standardisierter Güter mit seinen Kunden pflegt.

2.4.3 Grenzen der grenzenlosen Organisation

Die bestehende Vorstellung von Netzwerkarrangements aber hat **zwei zentrale Grenzen**:

1. Bislang haben die meisten Unternehmen Netzwerkarrangements nur auf der **Beschaffungsseite** genutzt. Ihre Kunden dagegen galten und gelten größtenteils als passive Wertempfänger, nicht jedoch als Partner in einem Wertschöpfungsnetzwerk (Grün und Brunner 2002; Piller 2004; Prahalad und Ramaswamy 2004).
2. Bestehende Netzwerkarrangements agieren innerhalb einer Gruppe bekannter Akteure, die sich explizit zur Lösung einer Problemstellung zusammengeschlossen haben. Damit werden aber potenziell effizientere oder effektivere Lösungen außerhalb der Gruppe bekannter Netzwerkpartner ex-ante ausgeschlossen. Diese Grenze wird auch als „**Problem der lokalen Suche**" bezeichnet (wir gehen in Kap. 3 hierauf noch genauer ein).

Unsere Idee der IWS setzt genau an der Überwindung dieser zwei Grenzen an. Wie wir in Kap. 3 näher ausführen, bestehen mit dem Internet heute für Unternehmen neue Möglichkeiten des Wissensaustauschs mit und der aktiven Beteiligung von externen Akteuren an der Wertschöpfung. Durch den Verzicht auf vertragliche Regelungen zugunsten informeller Mechanismen wie beispielsweise eine Selbstorganisation können Transaktionskosten eingespart werden.

Dadurch kann der Gedanke der Wertschöpfungspartnerschaft um neue Formen der absatzseitigen Zusammenarbeit und Arbeitsteilung erweitert werden. Dies ist die dritte Stufe der Evolution der Organisation arbeitsteiliger Wertschöpfung: **die Entstehung der IWS**, die wir in Kap. 3 ausführlich diskutieren werden.

Interaktive Wertschöpfung: neue Formen der Arbeitsteilung zwischen Anbietern, Kunden und externen Experten

3

Wie bereits ganz zu Beginn dieses Buchs definiert, handelt es sich bei **IWS** um eine **arbeitsteilige Zusammenarbeit** zwischen Anbieterunternehmen und **externen Akteuren** (insbesondere Kunden) im Sinne eines **sozialen Austauschprozesses**. Die externen Akteure reagieren dabei auf einen **offenen Aufruf zur Mitwirkung** eines Herstellers, um zu einem konkreten Problem einen Beitrag zu leisten bzw. eine Lösung zu finden. Dies geschieht im Rahmen eines **Interaktionsprozesses** mit dem Unternehmen, das bestimmte zuvor intern abgewickelte Aufgaben an die externen Beitragenden abgibt. Diese sind weder rein passive Empfänger einer vom Anbieter autonom geleisteten Wertschöpfung, noch werden sie aus Rationalisierungsbestrebungen zwangsweise in die Wertschöpfung integriert, wenn zum Beispiel eine Bedienung durch Self-Service-Angebote ersetzt wird. Aus der vom Anbieter (Hersteller) dominierten Wertschöpfung wird durch die **aktive und freiwillige Rolle der Kunden und anderer externer Akteure** eine *interaktive* Wertschöpfung.

IWS ergänzt die bisherigen Wertschöpfungsformen um zwei wesentliche Aspekte:

1. **Lösung des Organisationsproblems durch Selbstselektion**: Entlang der in Kap. 2 beschriebenen Evolution der Organisation arbeitsteiliger Wertschöpfung hat sich die Vorstellung geändert, wie das **Organisationsproblem**, das heißt die Koordination und Motivation der einzelnen Akteure, die die Gesamtaufgabe arbeitsteilig vollziehen, am besten gelöst werden kann. Taylors Modell setzt vor allem auf die hierarchische Koordination und Motivation durch finanzielle Anreize in einem geschlossenen Wertschöpfungssystem. Die Netzwerkansätze erweitern diese Vorstellung um eine Kombination marktlicher und hierarchischer Koordinationsformen und betonen darüber hinaus auch eine Motivation durch nicht-monetäre Anreize. Die **IWS ergänzt diese beiden klassischen Koordinationsformen (Hierarchie und Markt)** durch einen dritten Weg: die **Selbstselektion und Selbstorganisation** von Aufgaben durch (hoch) spezialisierte Akteure, deren Motivation vor allem die (eigene) Nutzung der kooperativ geschaffenen

Leistungen ist, die jedoch durch eine Vielzahl weiterer sozialer, intrinsischer und extrinsischer Motive ergänzt werden kann. Dieses Organisationsprinzip einer „Commons-based Peer Production" verlangt eigene Kompetenzen und Prinzipien der Organisation der Wertschöpfung.

2. **Integration von Kunden und nicht offensichtlichen Experten:** Zudem ändert sich die Sichtweise, *welche* Akteure am Wertschöpfungsprozess aktiv beteiligt sind. Im tayloristischen System waren das hauptsächlich interne Akteure bei strenger Trennung zwischen Kopf- und ausführender Arbeit. In der Netzwerkorganisation kamen Netzwerke mit festen (professionellen, das heißt industriellen) Partnern hinzu, die sich jeweils auf ihre Kernkompetenzen konzentrieren und über vertragliche Arrangements miteinander verbunden waren. In der IWS kommen vor allem Kunden und Nutzer als aktive Wertschöpfungspartner hinzu. Hierzu gehören zum Beispiel Experten aus anderen Branchen oder von wissenschaftlichen Institutionen, die aus einer anderen Disziplin als der des Unternehmens stammen.

Das im Folgenden dargestellte Konzept stellt einen Bezugsrahmen dar, der verschiedene Theoriebausteine und Prinzipien zusammenfügt. IWS ist nicht universell anwendbar und soll keine bewährten Konzepte ersetzen. Es handelt sich vielmehr um eine Ergänzung etablierter Instrumente im Innovations- und Produktionsmanagement (der Fokus dieses Buchs), auch wenn grundsätzlich alle Unternehmensaktivitäten Ansatzpunkt für IWS sein können.

3.1 Prinzipien und Eigenschaften der IWS

Unser Konzept der IWS geht von einem **kooperativen Prozess** aus. IWS findet statt, wenn ein Unternehmen oder eine andere Institution eine Aufgabe, die bislang intern durch die Mitarbeiter erstellt wurde, an ein undefiniertes, großes Netzwerk von Kunden, Nutzern oder anderen externen Akteuren in Form eines offenen Aufrufs zur Mitwirkung vergibt. **Offener Aufruf** heißt dabei, dass die zu lösende Aufgabe offen verkündet wird und die externen Problemlöser durch Selbstselektion entscheiden, ob sie mitwirken oder nicht. Die Erstellung dieser Aufgabe erfolgt dabei teils kollaborativ zwischen mehreren Nutzern, teils durch einen Akteur allein. In jedem Fall aber wandelt sich die vom Unternehmen dominierte Wertschöpfung durch die aktive Rolle der externen Partner zu einer **Co-Kreation der resultierenden Leistung.**

Zwischen den Extremen einer gänzlich hersteller- und einer extern (kunden-)dominierten Wertschöpfung ergeben sich zahlreiche Varianten einer kooperativen Zusammenarbeit zwischen Hersteller und externen Akteuren in den unterschiedlichen Phasen des Wertschöpfungsprozesses. Bezugspunkt der Zusammenarbeit können dabei sowohl operative Aktivitäten innerhalb eines gegebenen Lösungsraums als auch Tätigkeiten im Bereich der Produkt- und Prozessentwicklung (Innovation) sein. Sowohl Unternehmen als auch Kunden oder andere externe Akteure können dabei die IWS initiieren. Im ersten

Fall signalisiert das Unternehmen durch Bereitstellung von Ressourcen und Infrastruktur seine Empfangsbereitschaft für Beiträge zur Wertschöpfung von außen. So gestaltet sich von Beginn an eine kooperative Zusammenarbeit. Im zweiten Fall leisten Kunden (bzw. externe Experten) Wertschöpfungsaktivitäten zunächst autonom, willigen in der Folge aber in eine Zusammenarbeit mit und Verwertung durch ein Unternehmen ein.

Bevor wir im Verlauf der folgenden Abschnitte unter Bezugnahme auf diverse Theorien und Konzepte die einzelnen Prinzipien und Eigenschaften der IWS genauer untersuchen, soll einleitend eine erste Übersicht für ein Grundverständnis sorgen.

1. Grundlage der IWS ist ein **freiwilliger Interaktionsprozess** zwischen Unternehmen und Kunden oder anderen externen Beitragenden. Die Handlungen der Interaktionspartner sind dabei interdependent und aufeinander ausgerichtet. Dieser Austausch kommt aber nur dann erfolgreich und dauerhaft zustande, wenn die Interaktion für alle Beteiligten Nutzen stiftet und nicht zu hohe Kosten verursacht.
2. Inhalt der Interaktion ist ein **gemeinsamer Problemlösungsprozess** im Kontext der betrieblichen Wertschöpfungsaufgaben, in welchem die Akteure materielle und immaterielle Ressourcen zur Lösung der Problemstellung austauschen. Inhalt der Interaktion ist vor allem ein **Transfer von lokalem Wissen** aus der Domäne der externen Partner, aber auch vice versa vom Unternehmen zu diesen Partnern.
3. Gemäß den **Wertschöpfungsphasen**, in die die externen Beitragenden integriert werden, können zwei grundlegende Formen der IWS unterschieden werden:
   - **Open Innovation** bezeichnet jene Aktivitäten zwischen Herstellerunternehmen und externen Partnern, die sich auf den Innovationsprozess beziehen und so auf die Entwicklung neuer Produkte und Leistungen abzielen. Zentraler Gedanke ist, dass zum einen durch die aktive Integration von Kunden und Nutzern mit spezifischen Eigenschaften (Lead User) in alle Phasen des Innovationsprozesses Bedürfnisinformationen besser erhoben werden können als durch klassische Maßnahmen der Marktforschung oder eines Trendscoutings. Zum anderen soll durch die Nutzung eines großen heterogenen Netzwerks an externen Experten die (technische) Lösungssuche verbessert werden.
   - **Mass Customization** ist hingegen die Zusammenarbeit zwischen Unternehmen und einzelnen Kunden, die sich auf Wertschöpfungsaktivitäten im operativen Produktionsprozess bezieht und auf die Konfiguration eines individualisierten Produktes für einen Abnehmer im Zuge eines Co-Design-Prozesses abzielt.
4. Die beiden unterschiedlichen Formen haben auch unterschiedliche **Grenzen des Lösungsraums**. Der Lösungsraum ist die Gesamtheit aller Problemlösungen, die ein Unternehmen auf Basis vorhandener Produktarchitekturen und darauf abgestimmter Fertigungs- und Vertriebsprozesse gegenwärtig anbieten kann. Bei Mass Customization stehen die Kunden einem begrenzten bzw. geschlossenen Lösungsraum gegenüber, den sie im Hinblick auf ein individuelles Produkt konkretisieren. Open Innovation dagegen bezieht sich auf einen offenen Lösungsraum, der gemeinsam mit den externen Beiträgen geschaffen und erweitert bzw. modifiziert wird.

5. Damit die Integration externer Beiträge geschehen kann, muss der Anbieter gewisse Vorleistungen getroffen haben, das heißt, wir gehen von einer **zweistufigen Struktur des Wertschöpfungsprozesses** aus. Auf der ersten Wertschöpfungsebene (**Vorkombination**) baut der Hersteller autonom ein Leistungspotenzial auf. Damit wird die Voraussetzung geschaffen, in der zweiten Stufe weitere Wertschöpfungsaktivitäten durch die **Integration der externen Beiträge** zu vollziehen.
6. Die **kooperative Arbeit an gemeinsamen Aktivitäten** begründet eine **neue Form der Arbeitsteilung** zwischen Anbietern und Beitragenden, die auch eigener Organisations- und Koordinationsmechanismen bedarf. Ein wesentliches Organisationsprinzip ist die Bildung von Teilaufgaben, die sich an den Transferkosten bzw. der Lokalität des benötigten Wissens orientieren. Resultat soll eine möglichst „modulare" bzw. „granulare" Aufgabenstruktur sein, die es einer großen und heterogenen Kundengruppe erlaubt, auf Basis jeweiliger Neigungen und Fähigkeiten selbst eine geeignete Teilaufgabe zu wählen. Hierarchische Aufgabenzuteilungen (wie auch bei der klassischen Selbstbedienung) werden durch eine Selbstselektion ersetzt.
7. Eine erfolgreiche IWS muss einen **angemessenen Nutzen** für alle Beteiligten in Aussicht stellen. Kunden transferieren häufig Eigentums- und Verfügungsrechte an ihrem Wissen ohne unmittelbare monetäre Gegenleistung zu einem Hersteller, wenn sie sich davon eine bessere Leistungserfüllung oder besser passende Produkte erhoffen. Hinzu tritt oftmals ein intrinsischer Nutzen, der sich am Interaktionserlebnis der Kunden festmacht. Monetäre und intrinsische (soziale) Motive dominieren den Nutzen, den sich andere externe Beitragende von ihrer Mitwirkung versprechen.
8. Den **Nutzen für das Unternehmen** bilden neue Potenziale für eine Differenzierungspolitik durch individualisierte und/oder innovative Leistungsangebote als Wettbewerbsstrategie. Die Folge sind höhere Marktakzeptanz, ein geringeres Flop-Risiko neuer Produkte („Fit to Market") und weitere Möglichkeiten zur Differenzierung und Kundenbindung. Damit steigt die **Effektivität** der Leistungserstellung. Eine höhere **Effizienz** der Wertschöpfung resultiert dagegen aus besserem Zugang zu Informationen, wie die Leistungsprozesse abgewickelt oder aus technischer Sicht weiterentwickelt werden können (Lösungsinformation).
9. Im Falle einer Kundenintegration benötigen sowohl der Anbieter als auch die Kunden **neue Kompetenzen** zur Erfüllung ihrer jeweiligen Aufgaben. Auf Seiten der Kunden muss die Bereitschaft und Fähigkeit vorhanden sein, Beiträge zu dem kooperativen Wertschöpfungsprozess zu leisten. Ähnliches gilt auch bei der Bereitstellung von Lösungsinformation durch externe Experten. Gleichermaßen müssen Unternehmen, die die Prinzipien der IWS nutzen wollen, **Interaktionskompetenzen** aufbauen, die die technische und vor allem organisatorische Plattform der arbeitsteiligen Aufgabenerfüllung darstellen. Sie konkretisieren sich in interaktionsförderlichen Organisations-, Kommunikations- und Anreizstrukturen.
10. Eine IWS hat auch **Grenzen**, da ein Trade-off zwischen einer zunehmenden Granularität der Aufgabenteilung einerseits und den daraus resultierenden internen Koordinationskosten andererseits besteht. Je besser sich eine Wertschöpfungsaufgabe für

eine sehr feingliedrige Aufteilung eignet, desto leichter kann ein größerer Aufgabenumfang an externe Akteure zu vergleichsweise geringen Produktions- und externen Transaktionskosten externalisiert werden. Allerdings bedarf es der innerbetrieblichen Koordination und Integration der einzelnen Wertschöpfungsbeiträge, was bei einer feingliedrigen Aufgabenteilung hohe interne Kosten verursacht.

3.2 Bedürfnis- und Lösungsinformation in festen und offenen Lösungsräumen

IWS baut also im Kern auf die **Integration externer Beiträge**, vor allem von Wissen und spezifischer Information, in den Wertschöpfungsprozess eines Anbieters. Hierbei können wir **zwei zentrale Sorten von Information** unterscheiden, die ein Anbieter im Rahmen eines **Wertschöpfungsprozesses** braucht (Thomke 2003):

- **Bedürfnisinformation** bezieht sich auf die Wünsche, Präferenzen und Anforderungen der Nutzer an eine Leistung sowie an deren Leistungsfähigkeit, Qualität, Design oder ihren Preis. Dabei kann es sich sowohl um Information über explizite als auch über latente Bedürfnisse handeln. Bedürfnisinformation ist einerseits im Innovationsprozess (welchen Nutzen soll eine Innovation erfüllen? Was ist das offene Problem?), andererseits für das operative Produktions- und Marketingmanagement wichtig (welche Eigenschaften soll eine Produktvariation besitzen? In welcher Stückzahl soll welche Variante gefertigt werden? Wo sind die Abnehmer für diese Varianten?).
- **Lösungsinformation** ist (technisches) Wissen, wie ein Problem/Bedürfnis durch eine konkrete Produktspezifikation oder eine Dienstleistung gelöst werden kann, das heißt Informationen über die erfolgreiche Transformation von Bedürfnissen in ein konkretes Leistungsangebot. Dabei kann es sich um den Einsatz von Wissen, Technologien, Fertigungstechniken oder Humankapital handeln. Was ist der neue Wirkungszusammenhang zur Befriedigung des Bedürfnisses? Wie kann eine gewünschte Molekülstruktur prozesstechnisch erzeugt werden? Wie muss eine Marketingkampagne geschaffen sein, um latente Kundenbedürfnisse effizient anzusprechen? Wie kann ein Logistiksystem die zeitnahe Befriedigung individueller Kundenwünsche ermöglichen? Lösungsinformationen sorgen also dafür, dass Bedürfnisinformationen (potenzieller) Kunden in ein konkretes, marktfähiges Leistungsangebot übersetzt werden. Der Zugang zu Lösungsinformation steht so für die Effizienz der Wertschöpfung.

3.2.1 Träger von Bedürfnis- und Lösungsinformation

Träger der Bedürfnisinformation sind vor allem die Kunden und Nutzer. Ihre Integration im Rahmen der IWS hilft, die **Effektivität im Wertschöpfungsprozess** zu steigern, das heißt, „die richtigen Dinge zu tun". Das Spektrum der Zusammenarbeit zwischen

Unternehmen und Kunden kann dabei als Kontinuum aufgefasst werden. Die Extrempunkte dieses Kontinuums bildet der gänzlich hersteller- bzw. der gänzlich kundendominierte Wertschöpfungsprozess. Diese Extrempunkte kommen im sogenannten „Customer-active Paradigm" (CAP) in seiner Gegenüberstellung zum traditionellen „Manufacturing-active Paradigm" (MAP) zum Ausdruck (von Hippel 1986). Im CAP dominieren Kunden den Wertschöpfungsprozess derart, dass sie alle Wertschöpfungsaufgaben vollständig und autonom leisten. Das MAP entspricht dem klassischen Fall der unternehmensbezogenen, autonomen Wertschöpfung.

Träger von Lösungsinformation ist klassischerweise das Anbieterunternehmen. Denn schließlich sind es ja die Entwickler, Produktionsexperten und Produktmanager, die erkannte Kundenbedürfnisse („Bedürfnisinformation") in Problemlösungen überführen. Dies können sie auch in Bezug auf Anwendungen und Prozesse, die hohes firmenspezifisches Wissen benötigen und auf vorhandenem Wissen aufbauen, am besten. Bei der Entwicklung neuer Produkte und Prozesse jedoch kann oft die Effizienz des eigenen Wertschöpfungssystems gesteigert werden, wenn auf Wissen von außen, das heißt von externen Experten, zurückgegriffen wird. Eine größere Anzahl an Mitwirkenden vergrößert den Lösungsraum und sorgt darüber hinaus für eine schnellere und/oder effizientere Bearbeitung von Aufgaben. Oft existiert das Gewünschte bereits, wenn vielleicht auch in leicht abgewandelter Form. Durch Nutzung dieser bestehenden Lösung werden einerseits Fehler vermieden, andererseits findet eine Beschleunigung statt.

3.2.2 Integration zum Aufbau oder zur Konkretisierung des Lösungsraums eines Anbieters

Neben der Differenzierung zwischen den Arten der externen Beiträge, die in die Wertschöpfung eines Anbieters integriert werden, hilft das Konzept des Lösungsraums, verschiedene Ansatzpunkte der IWS zu unterscheiden. Der **Lösungsraum („Solution Space")** ist die Gesamtheit aller Problemlösungen, die ein Unternehmen auf Basis vorhandener Produktarchitekturen und darauf abgestimmter Fertigungs- und Vertriebsprozesse gegenwärtig anbieten kann. Oder, wie dies von Hippel (2001, S. 250) definiert, „the pre-existing capability and degrees of freedom built into a given manufacturer's production system".

Ziel der **tayloristischen Wertschöpfungsprinzipien** (Kap. 2) ist die weitestgehende Stabilität eines einmal definierten Lösungsraums. Stabilität führt damit auch zwangsläufig zu einer Begrenztheit des Lösungsraums und damit des entsprechenden Leistungsspektrums, das ein Unternehmen gegenwärtig kosteneffizient und mit wirtschaftlich angemessenem Aufwand herstellen und anbieten kann. Im Massenproduktionssystem von Ford und vielen anderen Unternehmen war dieses Leistungsspektrum eng begrenzt und lange Zeit unverändert. Kundenintegration findet in einem solchen Fall nicht statt. Im Beispiel von Dell wurde der Lösungsraum erweitert. Er ist zum einen durch die Umsetzung der Prinzipien **hybrider Netzwerkstrukturen** deutlich flexibler und wandlungsfähiger. Zum anderen ist er aber auch offener und weniger begrenzt, da er einen Einbezug der Kunden in die Konkretisierung (Konfiguration) ihrer individuellen Wunschleistungen ermöglicht.

3.2 Bedürfnis- und Lösungsinformation in festen und offenen Lösungsräumen

Innovationstätigkeiten erweitern bzw. modifizieren den Lösungsraum eines Anbieters (bzw. schaffen diesen erstmals bei Neugründung eines Unternehmens). Eine Produktentwicklung schafft neue Produktarchitekturen und damit neue technische Möglichkeiten zur Befriedigung neuer Kundenbedürfnisse. Eine Prozessinnovation ermöglicht zum Beispiel die effizientere oder qualitativ hochwertigere Befriedigung der Kundenbedürfnisse. Eine Kundenintegration kann auch auf dieser Ebene der Erweiterung bzw. Modifikation des Lösungsraums ansetzen. Kunden bzw. Nutzer können einem Anbieter im Rahmen des Interaktionsprozesses Informationen über neue Bedürfnisse, aber auch Lösungsansätze zur Befriedigung dieser Bedürfnisse übermitteln. Voraussetzung dafür ist aber, dass der Anbieter seinen Lösungsraum entsprechend offen gestaltet hat.

Die **Offenheit des Lösungsraums** bildet ein zentrales Abgrenzungskriterium der zwei Ausprägungsformen der IWS, die wir in diesem Buch behandeln (siehe Abb. 3.1): Bei **Mass Customization** stehen die Kunden einem begrenzten bzw. geschlossenen Lösungsraum gegenüber. Die Zusammenarbeit zwischen Anbieter und Kunde bezieht sich auf Wertschöpfungsaktivitäten im operativen Produktionsprozess und auf die Konkretisierung eines individualisierten Produktes für einen Abnehmer innerhalb der Optionen, die in diesem Lösungsraum vorgegeben wurden.

Open Innovation dagegen bezieht sich auf einen offenen Lösungsraum, den die Kunden erweitern bzw. modifizieren. Damit geht es um Aktivitäten zwischen Herstellerunternehmen und Kunden, die sich auf den Innovationsprozess beziehen und so auf die Entwicklung

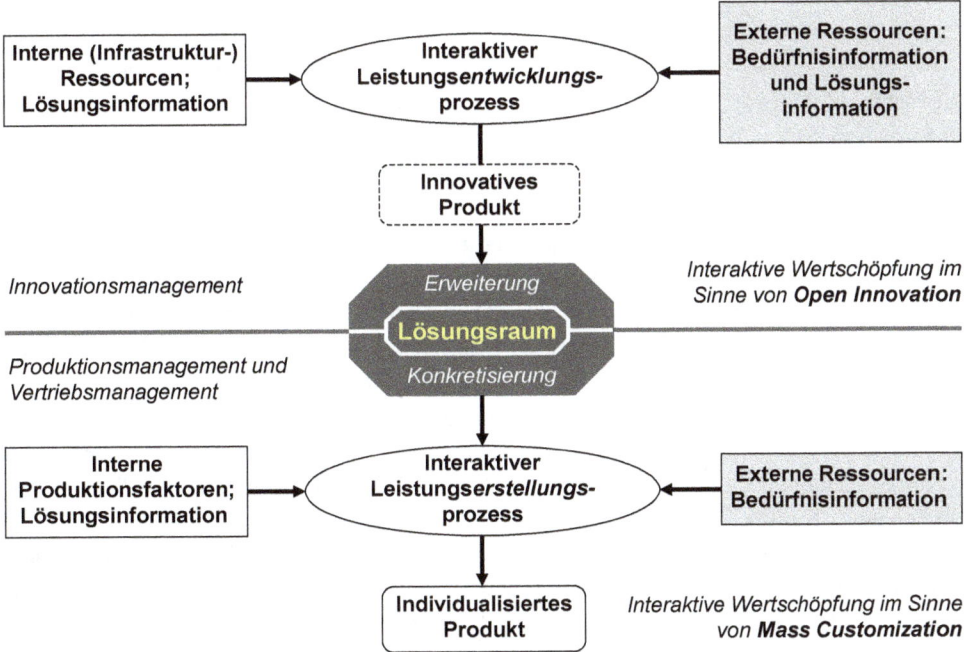

Abb. 3.1 Ebenen der interaktiven Wertschöpfung

neuer Produkte für einen größeren Abnehmerkreis abzielen. In die Erweiterung bzw. Schaffung eines Lösungsraums können neben Kunden aber auch weitere externe Akteure mit einem speziellen Wissen in einem bestimmten Feld einen wichtigen Beitrag leisten.

3.3 Arbeitsteilung und Organisation in der IWS

3.3.1 Logik der Arbeitsteilung nach dem Konzept der „Sticky Information"

Nachdem wir im letzten Abschnitt diskutiert haben, *warum* eine Interaktion mit Kunden und externen Experten für Unternehmen Sinn macht (Zugang zu Bedürfnis- und Lösungsinformation), wollen wir uns nun der Frage widmen, *wann bzw. in welchen Fällen* dies besonders sinnvoll ist.

3.3.1.1 IWS zwecks Zugang zu Bedürfnisinformation: Überwindung des Problems von „Sticky Information"

Nach von Hippel (1994) ist Bedürfnisinformation häufig **„Sticky Information"** („klebrige" Information), das heißt Information, die nur unter hohen Transaktionskosten von einem Sender (hier: Kunden, Nutzer) zu einem Empfänger (hier: Anbieter) transferiert werden kann. Die Gründe hierfür können in den Merkmalen der Information selbst liegen: Bedürfnisinformation ist oft implizit, hoch spezifisch und in der Sprache der Kunden formuliert, die anders als die der Hersteller ist. Alternativ können die Gründe für Stickiness in den Merkmalen des Informationssuchenden liegen, zum Beispiel in einer mangelnden Aufnahmefähigkeit (Vorwissen, Qualifikation) oder mangelnder Kapazität der Informationsaufnahme (zum Beispiel fehlende Instrumente oder Fehlen von komplementären Informationen). Auch kann Information „sticky" sein, wenn sie in einer sehr großen Menge übertragen werden muss.

Wir haben in Kap. 2 schon die Gründe diskutiert, warum unter **heutigen Marktbedingungen** die **Heterogenität der Kundenbedürfnisse und so deren Anforderungen an Produkte und Leistungen** stark zugenommen haben. Damit ist grundsätzlich die Stickiness von Bedürfnisinformation gestiegen. Damit können die Kosten für den notwendigen Informationstransfer vom Kunden zum Hersteller den Nutzen für das Unternehmen übersteigen. Bei hoher Stickiness lokaler Bedürfnisinformation sind zahlreiche zeitaufwändige Iterationen zwischen Unternehmen und Kunden für den Transfer notwendig. Bei hoher Heterogenität der Kundenbedürfnisse lassen sich durch einmalige Aufwendungen kaum Skaleneffekte im Informationstransfer für andere Kunden erzielen. Im Prinzip entstehen dann Transaktionskosten für jeden einzelnen Kunden.

Zur Lösung dieses Problems schlägt von Hippel (1990) eine **Arbeitsteilung („Task Partitioning")** vor: Der Wertschöpfungsprozess wird in Teilaufgaben zerlegt, für die entweder primär Bedürfnisinformationen von Kunden oder aber primär Lösungsinformationen von Unternehmen notwendig sind. Aufgaben, die weitgehend Lösungsinformation

3.3 Arbeitsteilung und Organisation in der IWS

benötigen, verbleiben im Unternehmen. Aufgaben, die weitgehend Bedürfnisinformation benötigen, werden auf den Kunden übertragen. Der Transfer von „Sticky Information" findet dann jeweils innerhalb des Arbeitsgebiets des Unternehmens bzw. der Kunden statt (von Hippel und Katz 2002), wie auch Abb. 3.2 illustriert.

Im Extremfall ist die Stickiness so hoch, dass Kunden in Bezug auf die Produktentwicklung und -herstellung in einer **besseren Kostenposition** sind als Unternehmen. Wenn besonders fortschrittliche Kunden neben Bedürfnisinformation auch ausreichend Lösungsinformation besitzen, können sie **Produkte vollständig und eigenständig entwickeln und herstellen** (diese Kunden werden in Kap. 4 als **Lead User** bezeichnet). Bei einer IWS gehen wir dagegen nicht von einem solchen Extremfall aus: Der Vorteil von Kunden bezieht sich auf einige Wertschöpfungsaufgaben des Unternehmens, zu deren Ausführung lokale Bedürfnisinformation von hoher Stickiness benötigt wird und in die die Kunden integriert werden, während bei anderen Aktivitäten das Unternehmen entsprechend der klassischen Vorstellung diese Art von Information erfassen kann.

3.3.1.2 IWS zwecks Zugang zu Lösungsinformation: Überwindung des Problems der lokalen Suche

Wann und in welchen Situationen ein Unternehmen externe Akteure in die Generierung von **Lösungsinformation** einbinden soll, folgt einer anderen Argumentation. Eine klassische Herausforderung im Innovationsprozess ist das **Problem der lokalen Suche („Local**

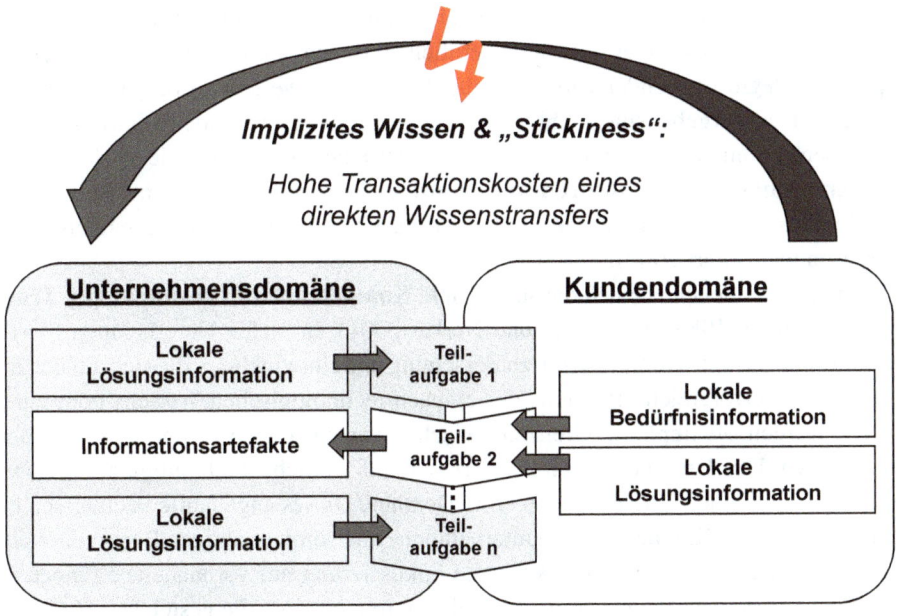

Abb. 3.2 Logik der Arbeitsteilung zwischen Unternehmen und Kunden

Search Bias"). Hierunter versteht man die Neigung von Individuen, zur Lösung einer bestimmten Aufgabe nur auf bestehende Erfahrung und Information zurückzugreifen, welche ihnen aus vorhandener geografischer Nähe, etablierter technologischer Sicht oder disziplinärer Verankerung heraus bereits geläufig sind und die zudem leicht erreichbar scheinen (Katila und Ahuja 2002; Stuart und Podolny 1996). Verschiedene Problemlöser besitzen unterschiedliche lokale Wissensbausteine und Routinen der Problemlösung und nutzen dieses lokale Wissen selbst dann, wenn es aus einer übergeordneten Sicht nicht angebracht ist (Simon 1991).

Zur Bearbeitung einer Aufgabe werden in der Folge (nur) Kenntnisse und Methoden verwendet, die im engen Zusammenhang mit dem bereits vorhandenen Wissensspektrum stehen. Während dies zur Optimierung vorhandener Prozesse („kontinuierliche Verbesserung") durchaus vorteilhaft und rational ist (Nutzung von Lerneffekten und Erfahrungswissen), führt es im Innovationsprozess oft nicht zu wirklich radikalen Innovationen. Ebenso wird nicht die effizienteste aller möglichen Lösungen für die Problemlösung herangezogen, sondern nur eine naheliegende.

Gründe für dieses empirisch breit nachgewiesene Verhalten gibt es viele. Ein Grund folgt unmittelbar aus der in Abschn. 3.3.1.1 besprochenen **Stickiness der Information**. Um die mit der Übertragung von „Sticky" Information verbundenen Kosten zu vermeiden, konzentrieren sich viele Firmen auf die ihnen bekannten technologischen Bereiche und kombinieren lediglich ihr bestehendes Wissen, um neue Lösungen zu kreieren. Weiterhin kann der **„Functional–Fixedness"-Effekt** zukünftige Entscheidungen beeinflussen. Er beschreibt das Verhalten, dass Problemlöser, die mit einer neuen Situation konfrontiert werden, oft den Bezug zu vorhergehenden Situationen suchen. Wenn beispielsweise in der Vergangenheit einmal eine komplexe Lösungsstrategie erfolgreich angewandt wurde, so ist es unwahrscheinlich, dass bei einfacheren Problemen eine simplere Strategie verwendet wird. Entscheidungsträger werden so bei der Beurteilung von alternativen Vorgehensmöglichkeiten stark durch zurückliegende Erfahrungen beeinflusst. Ebenso können bestimmte Verhaltensmuster eine einschränkende Wirkung haben, **da unternehmerische Strukturen und Routinen** im Laufe der Zeit institutionalisiert werden und somit das Unternehmen auf neuartige Situationen unflexibel reagieren lassen (Soerensen und Stuart 2000).

Eng damit verbunden ist auch die sogenannte **Kompetenzfalle („Competency Traps"**; Levitt und March 1988; Rosenkopf und Nerkar 2001). In vielen Unternehmen führt die Konzentration auf Kernkompetenzen zu Forschung und Entwicklung, die sich auf bekannte und besonders erfolgreiche Bereiche des eigenen technologischen Wissens konzentriert. Dadurch werden oft implizite Grenzen zwischen verschiedenen technologischen Bereichen gezogen. Das Unternehmen fokussiert sich auf ähnliche Technologien und wird so immer erfahrener und fachkundiger in einer Domäne. Dieses angehäufte Fachwissen kann zu einer einmaligen Kompetenz des Unternehmens und somit wichtigen Basis von Wettbewerbsvorteilen werden. Allerdings kann die Fokussierung auf vorhandene Kompetenzen Firmen dazu verleiten, in eine Kompetenzfalle zu treten, wenn die gesteigerte Kompetenz bei der Anwendung bestimmter Regeln dazu führt, dass alternative Möglichkeiten mehr und mehr vernachlässigt werden. Sobald sich dann die Umfeldbedingungen nachhaltig ändern, kann dies zu nicht optimalem Verhalten führen.

3.3.1.3 Klassische Wege zur Überwindung des Stickiness-Problems und des Problems der lokalen Suche

Der herkömmliche Weg, die beiden zuvor geschilderten Probleme zu überwinden, besteht darin, durch die Mitarbeiter des Unternehmens **besser und aktiver nach der notwendigen Information zu suchen**. In Bezug auf Bedürfnisinformation heißt dies bei den meisten Unternehmen vor allem, mehr und „cleverer" **Marktforschung** zu betreiben. Allen Marktforschungsmethoden ist aber eines gemeinsam: Ihre Idee ist, dass Unternehmen verstehen, was denn die offenen Probleme und Bedürfnisse der Kunden sind, indem sie nach diesen fragen bzw. sich von den Kunden eine Bestätigung (oder Ablehnung) auf Konzepte holen, die intern im Unternehmen entwickelt wurden.

Gleichermaßen wird zur Überwindung des Problems der lokalen Suche empfohlen, **Gatekeeper** (Allen 1977) oder Promotoren (Witte 1973) einzuschalten, die einen besseren Zugang zu externem Wissen sicherstellen können. Eine weitere Option ist, die Art und Weise der Suche nach Lösungen zu verbessern, indem den Mitarbeitern zum Beispiel **Kreativitätstechniken** an die Hand gegeben werden, damit sie „über den Tellerrand" hinausblicken (Levinthal und Gavetti 2000). Eine weitere klassische Strategie ist, sich mit Trägern anderen Wissens zusammenzuschließen (Rosenkopf und Nerkar 2001). Genau dies haben wir in Bezug auf **Innovationsnetzwerke oder Allianzen** bereits in Abschn. 2.4.1 beschrieben. Schließlich können Unternehmen durch eine gezielte **Rekrutierungspolitik** versuchen, das Problem der lokalen Suche zu überwinden. Dazu gehört zum einen das Abwerben von Mitarbeitern der Konkurrenz, zum anderen die heute immer stärker betriebene Praxis, Mitarbeiter mit komplett anderen fachlichen Hintergründen einzustellen und in interdisziplinären Teams zu organisieren.

Alle diese Ansätze haben jedoch ein Problem: Sie basieren stets auf der Fähigkeit des Unternehmens, durch eine direkte Suche die passenden Wissensträger zu identifizieren, deren Wissen richtig zu interpretieren und in interne Lösungen zu überführen. Sie beruhen also weiterhin auf der **Lösung des Problems im Unternehmen**, auch wenn nun der Kreis der Problemlöser vergrößert und so der negative Effekt einer lokalen Suche *vermindert* wird.

3.3.2 „Commons-based Peer Production" und Crowdsourcing als Organisationsprinzip

Die Notwendigkeit des Transfers von Bedürfnis- und Lösungsinformation und die durch die Stickiness dieser Informationen begründeten Probleme bzw. Kosten dieses Transfers haben gezeigt, warum grundsätzlich eine neue Organisation der Arbeitsteilung sinnvoll sein kann. Unser Ansatz der IWS basiert an dieser Stelle auf einer **neuen Strategie zum Zugang zu den externen Beiträgen**.

3.3.2.1 „Broadcast Search" als neuer Ansatz zur Überwindung des Problems der lokalen Suche

Die Arbeitsteilung der Lösungsfindung soll so organisiert werden, dass vorhandene relevante Information und Lösungen aus der Peripherie des fokalen Unternehmens das Unternehmen **„selbst finden"** und nicht das Unternehmen diese finden muss. Lakhani et al. (2007) bezeichnen dieses Vorgehen als **Broadcast Search.** Die Idee ist, den Prozess der Suche zu öffnen und Informationen über das Problem so breit zu streuen, dass auch bislang unbekannte Außenseiter davon erfahren. Mittels geeigneter Anreizstrukturen sollen diese dann angeregt werden, sich selbst als Problemlöser zu identifizieren und ihren Beitrag zur Lösung zu übermitteln.

Hinter unserer Vorstellung von interaktiver Wertschöpfung als Methode, effizient und effektiv Zugang zu Lösungsinformation bereitzustellen, steht deshalb diese offene Ausschreibung von Problemen an ein großes Netzwerk von Akteuren, die dem Unternehmen vorher nicht bekannt sind. Wir sprechen hier von einem **„offenen Aufruf zur Mitwirkung"** an ein großes externes Netzwerk von potenziell Beitragenden. Die Problemlöser suchen sich ihre Aufgabe selbst und bekommen diese weder zugeteilt (wie in der Hierarchie), noch werden sie mit der Lösung beauftragt (wie im klassischen Marktmechanismus).

Die Beitragenden in der Peripherie des Unternehmens werden zwar zur Lösung der Aufgabenstellung ebenfalls einem lokalen Suchproblem unterliegen, das heißt vor allem Informationen und Methoden heranziehen, die ihnen bereits bekannt sind. Da diese lokalen Suchfelder jedoch von denen des Unternehmens weit entfernt sein können, kann das originäre Problem der lokalen Suche überwunden werden. Grundlage jener Betrachtung ist das **Modell der „Commons-based Peer Production" von Benkler** (2002, 2006), der es aufgrund von Studien von Open-Source-Software-Communities entwickelte. Dieses Organisationsprinzip betrachten wir im Folgenden ausführlicher.

3.3.2.2 Open-Source-Softwareproduktion als Modell einer neuen Organisation der Wertschöpfung

In den klassischen Modellen zur Wertschöpfung treten Individuen entweder als Angestellte in einem Unternehmen auf (gesteuert durch die Anweisungen von Vorgesetzten) oder als Akteure auf Märkten (gesteuert durch Preise). Daneben gibt es kooperative Zwischenformen dieser Modelle (Netzwerke). Benkler jedoch beobachtete eine **verteilte Wissensproduktion** im Internet, die mit diesen klassischen Koordinationsmechanismen der Arbeitsteilung nicht vereinbar scheint.

Die **Entwicklung von Open-Source-Software** ist die wohl populärste Bewegung dieser Art. Hierbei wird eine große Anzahl von Nutzern in einer Vielzahl von Aktivitäten tätig, angefangen von der Definition eines Problems über dessen Ausschreibung in einer Community, der Bereitstellung einer Lösung dieses Problems, dem Testen und De-Bugging dieser Lösung und schließlich ihrer Verbreitung und Dokumentation. Das zentrale Organisationsprinzip von Open-Source-Software ist, dass nicht ein Vorgesetzter oder Koordinator gezielt Aufgaben an geeignete Akteure vergibt, sondern sich die Beitragenden ihre Aufgaben selbst aus einer offenen Liste an zu lösenden Problemen suchen.

Zudem sind die Ergebnisse der gemeinsamen Entwicklungsarbeit frei und ohne die traditionellen Restriktionen zum Kopieren und Nutzen proprietärer Software verfügbar. Niemand besitzt die Software in einem traditionellen Verständnis oder kontrolliert ihre Verwendung. Das Ergebnis ist eine lebhafte, engagierte und hochproduktive Form der Zusammenarbeit, wobei die Beteiligten nicht in Hierarchien organisiert sind und ihre Projektbeteiligung auch nicht an Preissignalen ausrichten. Andere Beispiele für Wertschöpfung nach diesem Prinzip sind die Erstellung und Editierung von Beiträgen bei **Wikipedia** und die Mitwirkung in **Verbraucherportalen** in Form von Kritiken und Bewertungen.

Benkler argumentiert, dass hier ein völlig neues Wertschöpfungsmodell entsteht, welches unter geeigneten Bedingungen einen systematischen Vorteil gegenüber den klassischen hierarchischen, hybriden oder marktlichen Formen hat, die sich primär auf eine formale Koordination durch den Preis- oder Weisungsmechanismus stützen. Er nutzt deshalb den Begriff „**Commons-based Peer Production**", um dieses Modell von klassischen Modellen der Kooperation durch Hierarchien und Märkte (Preise) abzugrenzen, die auf einer klaren Property-Rights-Verteilung und Verträgen beruhen:

- **Peer Production** heißt, dass Gruppen von Individuen („Peers") erfolgreich in (oft sehr großen) Projekten zusammenarbeiten und dabei durch eine Vielzahl unterschiedlicher Anreize und sozialer Signale motiviert werden, jedoch eher nicht durch Marktpreise oder Anweisungen eines Vorgesetzten. Ein wesentlicher Mechanismus dieses Modells ist so auch die **Selbstselektion** der an der Wertschöpfung Beteiligten, die effizienter bei der Identifikation von beteiligten Wissensträgern und deren Zuordnung zu entsprechenden Wertschöpfungsaufgaben sein kann.
- **Commons-based** bezeichnet die Verfügbarkeit des geschaffenen Outputs in einer „Information Commons", das heißt einem für alle Peers und meist auch alle anderen Interessierten zugänglichen Verzeichnis (Datenbank, elektronische Bibliothek). Alle Ergebnisse können frei genutzt werden, solange bestimmte Regeln dabei eingehalten werden. Da in diesem System zumeist der Austausch zwischen den Wertschöpfungspartnern durch standardisierte Verträge und AGBs geregelt ist (wie zum Beispiel Creative-Commons-Lizenzen oder Lizenzen von Open-Source-Software), sind die **Transaktionskosten zur Vereinbarung und Überwachung** sehr gering.

3.3.2.3 Vorteile der Commons-based Peer Production gegenüber klassischen Organisationsformen

Benkler bezieht sein Modell vor allem auf die Produktion von Information oder „Kulturgütern" (Musik, Schriften etc.), da hier die notwendigen Produktionsmittel (Kapitalanlagen wie Computer und Kommunikationsmittel) weit verbreitet und nicht an einer Stelle konzentriert sind (wie zum Beispiel in einem Stahlwerk). Zur Produktion dieser Güter ist das Peer-Production-Modell aus **zwei Gründen besser geeignet als die klassische Aufgabenerfüllung** in Hierarchien oder Märkten:

- Das Modell ist besser in der **Identifikation und Allokation der genau passenden Humankapazitäten** (besondere Fähigkeiten einzelner Individuen) zu einzelnen Aufgaben des Informationsproduktionsprozesses. Es hat geringere Verluste (Opportunitätskosten) als die klassischen Modelle, um aus der Gesamtmenge möglicher Aufgabenträger den am besten passenden Akteur zu identifizieren und zur Aufgabenerfüllung zu motivieren. Ein Manager, der eine Aufgabe einem seiner vielen Mitarbeiter zuordnet, nutzt dabei oft nicht alle möglichen Informationen, ob dieser Mitarbeiter und nicht vielleicht ein anderer der beste Aufgabenträger anhand seiner persönlichen Fähigkeiten und Motivation ist (da diese Information insbesondere bei Nicht-Routineaufgaben sehr „sticky" ist). Wird aber eine Aufgabe nicht zugeordnet, sondern „ausgeschrieben", kann ein Akteur diese selbst bewerten und sein eigenes Wissen über seinen Kenntnisstand und seine Motivation nutzen, um zu entscheiden, ob er diese Aufgabe lösen kann oder nicht.
- Weiterhin verwirklicht eine **Selbstselektion besser Spezialisierungseffekte**. Stehen große Gruppen von potenziell Mitwirkenden einer großen Zahl an Teilaufgaben und Informationsressourcen gegenüber, dann ist es recht wahrscheinlich, dass sich für eine bestimmte Aufgabe ein Akteur findet, der zu ihrer Lösung besonders geeignet (spezialisiert) und/oder motiviert ist und diese Fähigkeiten auch in mehrere Projekte einbringen kann. Wenn dabei auf die Definition von Eigentums- und Verfügungsrechten durch Verträge als Grundlage einer Zusammenarbeit zwischen den Akteuren verzichtet wird (und stattdessen die gesamte Information in der Information Commons bereitsteht), können durch das Peer-Production-Modell die externen Transaktionskosten der Interaktion beträchtlich gesenkt werden. Die Akteure können selbst entscheiden, welches Problem sie lösen, auf welche (freien) Informationsressourcen sie dafür zurückgreifen und mit wem sie dabei zusammenarbeiten wollen. Das bedeutet, je mehr potenziell einzubindende Akteure im Hinblick auf eine große Anzahl von Teilaufgaben im Kontext vorhanden sind, desto höher ist die Effizienz dieser Organisationsform im Vergleich zu den konventionellen Organisationsformen (Benkler 2002, S. 30).

3.3.2.4 Bedingungen für die Funktionsfähigkeit der Commons-based Peer Production

Benkler (2002) nennt die folgenden vier Bedingungen, damit Peer Production funktioniert:

- **Ausreichend große Zahl an Akteuren**: Es muss eine ausreichend große Zahl an Mitwirkenden zur Beteiligung am Problemlösungsprozess gewonnen werden, die untereinander eine gewisse Heterogenität in Bezug auf ihre Fähigkeiten und ihr Wissen aufweisen sollten.
- **Modularität der Teilaufgaben**: Die Wertschöpfungsaufgabe kann in Teilaufgaben zerlegt werden, die eine unabhängige Bearbeitung erlauben, so dass sich die Wertschöpfung gestaltet als „incremental and asynchronous, pooling the efforts of different people, with different capacities, who are available at different times" (Benkler 2002, S. 379).

- **Granularität der Teilaufgaben**: Die Teilaufgaben sind klein im Umfang. Sie haben einen heterogenen Inhalt und Umfang, so dass eine heterogene Kunden- oder Nutzergruppe eine ihren Vorlieben und Fähigkeiten entsprechende Auswahl treffen kann.
- **Niedrige interne Transaktionskosten für die Reintegration der Teilaufgaben**: Die Integration der Teilaufgaben beinhaltet sowohl die Qualitätskontrolle und Auswahl der einzelnen Beiträge als auch die Kombination der Teilergebnisse zu einem verwertbaren Gesamtergebnis. Diese grundsätzlich neuen Aktivitäten für das Unternehmen verursachen eigene Kosten, die wir als interne Transaktionskosten der IWS bezeichnen wollen.

3.3.2.5 Übertragung des Modells auf unsere Konzeption der IWS

Genau wie die klassischen Formen Hierarchie und Markt als Extremformen auf einem Kontinuum konventioneller Organisationsformen gesehen werden können, so kann auch die Commons-based Peer Production nach Benkler als **Extrem einer rein teilnehmerkoordinierten Form der arbeitsteiligen Problemlösung** gesehen werden. Unsere Konzeption der IWS basiert auf den Ideen Benklers, stellt diese jedoch **in Gleichklang mit anderen Organisationsformen, die der klassischen Netzwerkorganisation** entsprechen. Unsere Motivation war nicht die Ablösung der Unternehmung durch eine neue Form der Organisation, sondern die Erweiterung der Möglichkeiten, Problemlösung *im* Unternehmen zu betreiben.

Auch wollen wir unsere Argumentation nicht wie Benkler auf eine Informationsproduktion beschränken, sondern auch auf Bereiche ausdehnen, in denen wichtige Produktionsmittel zentral an einer Stelle vereint sind und nicht allen Akteuren zur Verfügung stehen. Das heißt, die Ausführung einzelner Teilaufgaben durch die Kunden findet oftmals nicht losgelöst vom Herstellerunternehmen statt, sondern ist bedingt durch die Bereitstellung von Ressourcen durch das Unternehmen. Denn nur in den seltensten Fällen übernehmen Kunden die gesamte Wertschöpfung. Von Hippel (2005) spricht in diesen Fällen von so genannten „User Innovation Networks", die dem Motto „No Manufacturer required!" folgend die gesamte Wertschöpfung selbstständig und verteilt über zahlreiche User leisten.

Auch wenn durch die fortschreitende Digitalisierung die Anwendbarkeit dieses Modells immer größer wird, so liegt unser Fokus der IWS auf Anwendungen, die nicht rein digital sind und auch eine klassische physische Produktion beinhalten, das heißt immer dedizierte Aktivitäten eines Herstellers verlangen. Es geht uns um die Anwendung dieses Organisationsprinzips für ausgewählte, aber nicht für alle Wertschöpfungsaktivitäten.

3.3.2.6 Crowdsourcing vs. IWS

Eine aktuelle Interpretation dieser erweiterten und übertragenen Idee von interaktiver Wertschöpfung ist der Begriff **Crowdsourcing**. Der amerikanische Journalist Jeff Howe veröffentlichte 2006, kurz nach Erscheinen der ersten Auflage unseres Buchs, einen gleichnamigen Beitrag in der der Zeitschrift WIRED, in dem er die Prinzipien der Commons-based Peer Production von der Open-Source-Domäne auf andere Bereiche überträgt (Howe 2006, 2008). Dieser Begriff wird heute sehr breit verwendet, ist aber in seiner ursprünglichen Definition durch Howe sehr ähnlich (nur nicht so komplex) wie unsere Definition der IWS zu Beginn von Kap. 3. Deshalb werden wir im Folgenden die Begriffe synonym verwenden, in der Regel aber „Commons-based Peer-Production" für die Reinform nach Benkler und IWS für unsere Erweiterung benutzen.

3.4 IWS aus ressourcenorientierter Perspektive

Warum sollten sich etablierte Unternehmen mit den Prinzipien der IWS beschäftigen? Kann IWS Wettbewerbsvorteile von Unternehmen im Vergleich zu ihren Mitbewerbern begründen? Im Folgenden wollen wir kurz diskutieren, wo die **strategische Vorteilhaftigkeit von IWS** aus Sicht eines Unternehmens liegt. Hierzu argumentieren wir vor allem aus **der ressourcenorientierten Perspektive** des strategischen Managements.

3.4.1 Der ressourcenbasierte Ansatz (Resource-based View)

Der ressourcenbasierte Ansatz sieht strategisch wertvolle Ressourcen (Fähigkeiten, Kompetenzen oder Routinen) eines Unternehmens als Ausgangspunkt zur Erklärung von Wettbewerbsvorteilen (Barney 1991). Der strategische Wert von Ressourcen bestimmt sich vor allem aus ihrem Charakter sowie ihrer Einzigartigkeit bzw. Seltenheit. Wettbewerbsvorteile resultieren hier aus Unterschieden in der Ressourcenausstattung zu den Wettbewerbern. Begünstigt wird dies durch den Umstand, dass Ressourcenaufbau und -nutzung meist intransparente und komplexe Lern- und Wirkungsprozesse im Unternehmen zugrunde liegen, die häufig schwer zu imitieren sind (Dierickx und Cool 1989).

Strategisch wichtige Ressourcen lassen sich auch meist nicht auf Märkten beschaffen (Barney 1986). In der Vergangenheit wurden Unternehmen häufig als eigenständige Wertschöpfungseinheiten betrachtet, über deren Ressourcen unternehmensintern verfügt wurde. Interne, unternehmensspezifische Verfahren bildeten die maßgebliche Grundlage zur Entwicklung von Kernkompetenzen. Mit der Ablösung der tayloristischen durch die **Netzwerkperspektive** hat sich dieses Ressourcenverständnis jedoch gewandelt. Unternehmen erlangen strategische Ressourcen demnach nicht nur durch den Aufbau, den Verbund und die Pflege eigener Ressourcen, sondern zunehmend durch den Zugang zu Ressourcen und Kompetenzen ihrer Wertschöpfungspartner. Hierzu zählen klassischerweise die Zulieferer, Entwicklungs- und Vertriebspartner oder Investoren (Bamberger und Wrona 1996).

In unserem Konzept der IWS werden zum einen die Kunden bzw. Information der Kunden als strategische externe Ressource gesehen, zum anderen aber auch externe Experten, die Träger spezifischen Lösungswissens sind:

- **Ressource Kundenwissen**: Die Sichtweise von Kunden als strategische Ressource ist im Dienstleistungsmanagement schon länger verbreitet (zum Beispiel Bateson 1985; Day 1994; Langeard et al. 1981) und wird in letzter Zeit von einigen Autoren auch über diesen Bereich hinaus propagiert (Gouthier und Schmid 2001; Grün und Brunner 2002; Prahalad und Ramaswamy 2000). Die **„strategische Ressource Kunde"** umfasst dabei nicht nur den Zugang zu deren Sticky Information (bzw. Artefakten, die diese repräsentieren), sondern auch die Beziehung, das Vertrauen und den sozialen Austausch, der im Zuge der Interaktion mit den Kunden aufgebaut wurde.

- **Ressource Lösungswissen**: Der Zugang zu Lösungsinformation und die Art und Weise, wie diese beschafft und umgesetzt wird, bestimmt die Effizienz der Wertschöpfung. Als Träger von Lösungsinformation wird klassischerweise das Anbieterunternehmen gesehen. Bei der Entwicklung (radikal) neuer Produkte und Prozesse aber, die aus Sicht der Erzielung nachhaltiger Wettbewerbsvorteile für ein Unternehmen ebenso wichtig sind (Arrow 1962), kann jedoch oft die Effizienz des eigenen Wertschöpfungssystems gesteigert werden, wenn auf Wissen von außen zurückgegriffen wird. Ziel ist es, die Basis der Lösungsfindung zu erhöhen, indem durch **Rekombination vorhandenen Wissens** aus verschiedenen Domänen eine bessere Lösung geschaffen wird. Wie wir bereits diskutiert haben, ist die beste Lösung für eine technische Problemstellung im Innovationsprozess oft nicht im Unternehmen selbst oder bei bekannten Netzwerkpartnern vorhanden, sondern kommt aus einer anderen Domäne.

3.4.2 Theorie der Ressourcenabhängigkeit (Resource Dependence Theory)

Anbieter, die ihre Kunden und andere externe Akteure als Ressource begreifen, müssen im Hinblick auf eine erfolgreiche Wertschöpfung allerdings komplementäre Kompetenzen zur Interaktion mit diesen Akteuren aufbauen. Dies kann mit der **Theorie der Ressourcenabhängigkeit** (Resource Dependence Theory nach Pfeffer und Salancik 1978), die den ressourcenbasierten Ansatz konkretisiert, beschrieben werden. Sie hat für das Verständnis von Interaktionsbeziehungen zwischen Unternehmen und externen Akteuren große Bedeutung. Nach dieser Theorie hängt die Wettbewerbsfähigkeit eines Unternehmens davon ab, ob es benötigte und knappe Ressourcen aus der Unternehmensumwelt beschaffen kann. Ressourcen können finanzielle Mittel, Personal, Produkte oder Information und Wissen sein.

In ihrer Abhängigkeit wird den Unternehmen aber nicht eine passive Haltung, sondern eine **aktive Gestalterrolle** unterstellt. Sie müssen nach Strategien suchen, um die Abhängigkeit zu planen und zu steuern. Dazu schlägt die Resource Dependence Theory vor, die **Austauschbeziehungen des Unternehmens** durch mehr oder weniger formale Beziehungen zu externen Partnern wie Kunden, Lieferanten oder Distributoren zu strukturieren. Der Aufbau dieser Beziehungen als Maßnahme zur Reduktion der Abhängigkeit läuft auf eine bewusste Intensivierung der Koordination und Interaktion zwischen den Geschäftspartnern hinaus (Gruner und Homburg 2000; Zahra und George 2002).

Maßnahmen zur Intensivierung der Koordination, die den Zugang zu der kritischen Ressource sicherstellen sollen, werden **„Bridging-Strategien"** genannt (Pfeffer und Salancik 1978). Ziel ist es, die Unternehmensgrenzen durchlässiger zu machen und eine informationelle Brücke zu externen Organisationen zu bauen, um den Ressourcenaustausch zu erleichtern. Häufig wählen Unternehmen Bridging-Strategien, um ihre eigene Innovationstätigkeit zu verbessern. Insbesondere Wissen, das innerhalb der eigenen Organisationsgrenzen nicht verfügbar ist, zeigt sich oft als innovationskritische Ressource, so dass Bridging-Strategien auf einen regelmäßigen und wiederholten Wissensaustausch mit den externen Partnern abzielen.

Genau dies ist das **strategische Ziel der IWS im Sinne der Theorie der Ressourcenabhängigkeit**. Um allerdings den erfolgreichen Zugriff auf die kritische Ressource Kundenwissen im Rahmen der IWS durchführen zu können, braucht ein Anbieterunternehmen selbst bestimmte interne Fähigkeiten und Kompetenzen, die als Investitionen zur Verwirklichung der „Bridging-Strategie" aufgefasst werden können. Diese internen Fähigkeiten eines Anbieters, selbst an der IWS erfolgreich teilzunehmen, nennen wir **Interaktionskompetenz**. Diesen wichtigen Aspekt behandeln wir im nächsten Abschnitt.

3.4.3 Interaktion als Erfolgsfaktor im Wettbewerb

Dass es sich für einen Anbieter lohnt, eine derartige Interaktionskompetenz aufzubauen und in entsprechende Maßnahmen zu investieren, zeigen empirische Studien, die einen Nachweis für den (strategischen) Erfolgsbeitrag von Kundeninteraktion liefern. So zeigen zum Beispiel Gruner und Homburg (2000), dass die Interaktion mit Kunden insbesondere in frühen und späten Phasen Erfolg versprechend ist. Die Erfolgswirkung ist dabei auf die marktbezogene Absicherung von Produktkonzepten, den Test von Prototypen und die Unterstützung bei der Markteinführung zurückzuführen.

Ernst (2001) findet ergänzend, dass die Erfolgswirkung vor allem dann besonders ausgeprägt ist, wenn IWS einer hohen Marktunsicherheit, Spezifität und Abhängigkeit von Kundenwissen in der Wertschöpfung entgegenwirken kann. Darüber hinaus zeigt Ernst aber auch, dass der Zusammenhang zwischen Profitabilität und dem Umfang des Beitrages, den Kunden zur Wertschöpfung leisten, nicht linear ist. Es existiert ein optimaler Grad der IWS (ähnlich auch Laursen und Salter 2006). Wird das Optimum überschritten, nimmt die Profitabilität ab. Das deutet darauf hin, dass IWS eines umsichtigen Managements bedarf, um eventuell auch negativen Auswirkungen entgegenzuwirken.

3.5 Interaktionskompetenz als Konkretisierung der Absorptionsfähigkeit

Die Argumentation in den vorangehenden Kapiteln hat bereits gezeigt, dass IWS nicht einfach das „Outsourcen" von Aufgaben an Kunden oder andere externe Akteure bedeutet, sondern vielmehr auch eine **aktive Beteiligung durch den Anbieter** verlangt, der hierfür bestimmte Ressourcen und Fähigkeiten besitzen muss. Dieser Aspekt wurde bereits in Abschn. 3.4.2 im Zusammenhang mit **„Bridging-Strategien"** angesprochen.

Ebenfalls haben wir bereits gesehen, dass die grundlegenden Organisationsmechanismen der IWS – Broadcast Search und Selbstselektion – nur dann funktionieren, wenn der Hersteller anschließend mit relativ geringen Transaktionskosten eine Integration der Teilaufgaben vornehmen kann. Dies beinhaltet sowohl die Qualitätskontrolle und Auswahl der einzelnen Beiträge als auch die Kombination der Teilergebnisse zu einem verwertbaren Gesamtergebnis. Auch hierzu bedarf es neuer Kompetenzen und Fähigkeiten, die wir in ihrer Gesamtheit als **Interaktionskompetenz** eines Herstellers bezeichnen.

3.5.1 Knappheit von Wissen und industrieller Wandel

Zum Verständnis der **Interaktionskompetenz** (des Herstellers) ist ein kurzer Rückblick auf die in Kap. 2 besprochenen drei Phasen industrieller Entwicklung hilfreich. In allen drei skizzierten Phasen basiert erfolgreiches Unternehmertum auf der **Transformation von Wissen** (Foray und Lundvall 1996), jedoch mit jeweils unterschiedlichem Fokus.

In der Phase der **industriellen Produktion** ist dies die Transformation von Wissen in Maschinen und Werkzeuge sowie in arbeitsorganisatorische Abläufe zur Produktivitätsoptimierung. Wissen über die besten Rohstoffe und die Entwicklung einer effizienten Maschine waren knappe Güter, die zu Wettbewerbsvorteilen führten.

In der zweiten Phase der **Netzwerkökonomie** steht die Transformation von Wissen in vernetzten Organisationsstrukturen zum Aufbau von Wettbewerbsvorteilen durch Flexibilität und Marktnähe im Vordergrund. Hierbei ging es um Wissen über die Vernetzung mit den besten Zulieferern oder den Aufbau flexibler Logistiksysteme über verschiedene Anbieter hinweg. Innovative Wertschöpfung entsteht nicht mehr primär durch Materialbearbeitung, sondern durch intelligente Lösungen für die Gestaltung des Wertschöpfungsprozesses.

Heute, im Zeitalter des Internets und einer weltweiten Vernetzung, scheint Wissen im Überfluss vorhanden zu sein. Lundvall und Johnson (1994) befassen sich schon früh mit dem Wegfall der Knappheitshypothese in der Wissensökonomie und kommen zu dem Ergebnis, dass Wissen zwar für alle Marktteilnehmer im Überfluss vorhanden ist, aber die Fähigkeit, es wirtschaftlich sinnvoll zu nutzen, knapp ist. In der Folge unterscheiden sie zwei Kategorien von Wissen: das **technisch-naturwissenschaftliche Wissen**, das in der Regel kodifiziert und somit als explizites Wissen im Überfluss vorhanden ist, und das **Anwendungswissen**, das in der Regel nicht kodifiziert ist und häufig ein knappes Gut darstellt. Im Wettbewerb um die Innovationsfähigkeit sind heute nicht die Unternehmen überlegen, die (nur) über ein hohes Maß an technisch-naturwissenschaftlichem Wissen verfügen, das oft im Überfluss vorhanden ist. Für den Unternehmenserfolg ist vielmehr die knappe Ressource „Anwendungswissen" entscheidend.

3.5.2 Bausteine der Interaktionskompetenz im Unternehmen

Genau hier setzt die **zentrale Kompetenz an, wie IWS zu nachhaltigen Wettbewerbsvorteilen** führen kann: Ihre Interaktionsmechanismen ermöglichen einen effizienten Zugang zu externem Wissen. Dies steht prinzipiell für jeden Anbieter offen. Doch das Wissen, wie IWS organisiert und ökonomisch gestaltet werden kann, um Wettbewerbsvorsprünge zu erwerben, ist knapp. Die erfolgreiche Umsetzung der Prinzipien der IWS hängt von dieser spezifischen Art von Anwendungswissen ab: der **Interaktionskompetenz**. Interaktionskompetenz ist dann hoch, wenn auf der Umsetzungsebene des Anbieters nicht nur die Bedingungen für eine erfolgreiche Interaktion mit den richtigen externen Akteuren gegeben sind, sondern das so gewonnene Wissen auch intern integriert und zielführend umgesetzt werden kann.

Der Begriff der **Kompetenz** folgt dabei einem holistisch-organisationalen Verständnis „als die Fähigkeit eines Unternehmens zur Erreichung spezifischer Ziele. [...] Kompetenz erfasst somit nicht nur die Qualifikation, etwas zu tun, sondern auch die Anwendung dieser Qualifikation in Form der Erfüllung von Aufgaben" (Ritter 1998, S. 53 und 56). Interaktionskompetenz wird damit zu einer **knappen und wertvollen Ressource** der Organisation im Sinne des ressourcenbasierten Ansatzes. Schafft es ein Unternehmen, Interaktionskompetenz intensiv in seinen Führungs-, Organisations- und Infrastrukturen zu verankern, so kann diese als wertstiftende Kompetenz zu einer schwer imitierbaren organisationalen Fähigkeit bzw. Routine werden. Abbildung 3.3 nennt einige **Leitfragen**, die sich im Unternehmen in Bezug auf den Aufbau von Interaktionskompetenz stellen.

3.5.3 Konzept und Bestandteile der Absorptionsfähigkeit

Unsere Idee der Interaktionsfähigkeit baut auf dem Konzept der Absorptionsfähigkeit auf, weshalb wir dieses hier etwas näher betrachten wollen. Cohen und Levinthal (1990) sehen **Absorptionsfähigkeit** ursprünglich als die **Gesamtheit der absorptiven Fähigkeiten** einer Organisation. Diese bestehen aus:

1. dem Erkennen des Wertes von neuen, externen Informationen,
2. der Fähigkeit, diese Informationen zu assimilieren sowie,
3. dieses Wissen wirtschaftlich anzuwenden bzw. zu verwerten.

Zahra und George (2002) konkretisieren dieses Verständnis durch die Unterscheidung von zwei Teilfähigkeiten. Der externe Wissenszufluss wird demnach durch **die potenzielle Absorptionsfähigkeit** reguliert, die selbst wiederum in die Fähigkeiten zur Akquisition und zur Assimilation von Wissen zerfällt. Folglich wird mittels potenzieller Absorptionsfähigkeit ein Wissenspotenzial innerhalb des Unternehmens geschaffen. Die **realisierte Absorptionsfähigkeit** bezeichnet dagegen die unternehmerische Fähigkeit, das akquirierte und assimilierte Wissen in Innovationen und wirtschaftlichen Erfolg zu überführen.

3.5 Interaktionskompetenz als Konkretisierung der Absorptionsfähigkeit

Leitfragen der Interaktionskompetenz

1) Über welche Anreizsysteme wird der Interaktionsprozess gesteuert?
2) Wie erfolgt der wechselseitige Transfer von lokalem Wissen?
3) Wie wird der Prozess der Kundenintegration in den Wertschöpfungsphasen gestaltet?
4) Welche Interaktionswerkzeuge stehen zur Verfügung?
5) Nach welchen Kriterien gestaltet sich der Lösungsraum für Open Innovation/ Produktindividualisierung?
6) Welche Kommunikationskanäle und -formen fördern die Interaktion?
7) Welche Entlohnungsformen sind im Hinblick auf den Kundennutzen notwendig?
8) Wie werden arbeitsteilige Prozesse über Führungskonzepte und -instrumente koordiniert?
9) Über welche Kompetenzen muss der Kunde verfügen (Lead-User-Merkmale)?
10) Wie kann die Ökonomie der interaktiven Wertschöpfung für das Unternehmen gesichert werden (Kosten der Interaktion)?

Interaktionsfördernde Strukturen

Interaktionsförderliche Kommunikationsstrukturen
- Unmittelbarkeit
- Bedingtheit
- Vielseitigkeit

Interaktionsförderliche Ablaufstrukturen
- Automatisierte Abwicklung der Integrationsaufgabe
- Wissensproduktion in virtuellen Gemeinschaften
- Reintegration hierarchischer Koordinationsformen

Interaktionsförderliche Anreizstrukturen
- Gate-Keeper-Konzept
- Dezentrale Unternehmensstrukturen
- Entscheidungsdelegation und Ergebnisverantwortung
- Instrumente zum Wissensaustausch
- Vertrauenskultur

Abb. 3.3 Bausteine der Interaktionskompetenz

Sie lässt sich in die Teilkompetenzen zur Transformation und zur Verwertung (Exploitation) unterteilen. Schauen wir uns im Folgenden diese vier Teilkompetenzen genauer vor dem Hintergrund der IWS an.

Akquisitionsfähigkeit. Die Akquisitionsfähigkeit eines Unternehmens beschreibt, in welchem Maße ein Unternehmen in der Lage ist, extern erzeugtes Wissen zu identifizieren und sich dieses anzueignen (Zahra und George 2002): **Wie breit sollte die Suche nach neuem externem Wissen angelegt sein?** Eine Reihe von Studien hat die Bedeutung offenen Suchverhaltens von Unternehmen für den Innovationserfolg bestätigt (Laursen und Salter 2006). Offenheit und Suchaktivitäten sind jedoch an Ressourcen und Kosten gebunden. Hieraus ergibt sich die Frage, wann die Kosten für die „Verbreitung des Trichtereingangs", also einer zusätzlichen Suchbreite und -tiefe, den aus den neuen Erkenntnissen gewonnenen Nutzen übersteigen, wodurch zusätzliche Suchaktivitäten unproduktiv werden.

Assimilations- bzw. Verarbeitungsfähigkeit. Die Assimilations- bzw. Verarbeitungsfähigkeit eines Unternehmens bezieht sich auf die Prozesse und unternehmensinternen

Abläufe, mit Hilfe derer externes Wissen verarbeitet, analysiert, interpretiert und verstanden wird (Zahra und George 2002). Die zentrale Frage für das Management in dieser Phase ist, wie Prozesse etabliert werden können, mit deren Hilfe entschieden werden kann, **welchem externen Wissen hohe Aufmerksamkeit gelten muss und welche der akquirierten Informationen ignoriert werden können** (Lane und Klavans 2005).

Existierendes Vorwissen ist ein wesentlicher Einflussfaktor für die Fähigkeit, externe Informationen zu verarbeiten bzw. zu assimilieren. **Bewertungsschemata und -prozesse** stellen Vorwissen dar, mit deren Hilfe Unternehmen versuchen, externe Informationen einzuordnen und zu verstehen. Demzufolge kann fehlendes oder unvollständiges Vorwissen dazu führen, dass externe Ideen und Entdeckungen ganz aus dem Suchfeld des Unternehmens verschwinden, oder dass akquirierte Informationen übersehen oder ignoriert werden, weil kein Verständnis und Zugang zu diesem Wissen besteht.

Transformationsfähigkeit. Transformationsfähigkeit heißt, organisatorische Routinen zu entwickeln, mit deren Hilfe existierendes und erworbenes Wissen kombiniert werden kann (Zahra und George 2002). Ziel einer Integration von neuem und bestehendem Wissen sind neue „Schemata" bzw. neue **Orientierungs- und Referenzrahmen**, die neue Erkenntnisse und Ansichten zulassen oder neue Möglichkeiten erst erkennbar machen. Im Zuge der IWS kommt der Transformationsphase eine hohe Bedeutung zu. Die Bedürfnis- und Lösungsinformationen, die von externen Akteuren gewonnen werden, müssen in die Wissensbasis des Unternehmens integriert werden, um eine Verwertung und kontinuierliche Weiterentwicklung zu garantieren.

Verwertungsfähigkeit. Die Fähigkeit zur Verwertung beinhaltet Prozesse und Abläufe, die dem Unternehmen ermöglichen, seine neu erworbenen Kompetenzen durch Innovationen und Produktindividualisierung kommerziell zu verwerten (zum Beispiel durch weiterentwickelte oder dem Kundenbedürfnis besser entsprechende Produkte). Greift man das Konzept neu generierter bzw. veränderter Orientierungs- und Referenzrahmen aus der Transformationsphase auf, dann gilt es in der Exploitation, diese neu erlernten Strukturen und Erkenntnisse verwertbar zu machen, zu operationalisieren und zu nutzen. Oft ist es diese letzte Phase der Absorptionsfähigkeit, in der Unternehmen größere Schwierigkeiten beim Umsetzen der Potenziale der IWS bekommen. Abschnitt 3.6 soll dies konkretisieren.

3.6 Interaktionsförderliche Organisations- und Kommunikationsstrukturen als Teilbereiche der Interaktionskompetenz

Wie baut ein Unternehmen nun Interaktionskompetenz als Konkretisierung der Absorptionsfähigkeit auf? Wir unterscheiden hierzu zwei klassische Aktivitäten zur Organisation der Wertschöpfung: **Koordination** und **Motivation**, das heißt Koordination zur

Abstimmung und Reintegration arbeitsteilig erstellter Einzelaktivitäten zu einem „großen Ganzen" sowie Motivation zur Setzung von Anreizen für die einzelnen Akteure, damit diese im Sinne der Gesamtleistung aktiv werden. Koordination und Motivation sind auf die internen Strukturen eines Unternehmens ausgerichtet. Eine dritte Facette der Interaktionskompetenz setzt an der **Gestaltung der Schnittstellen zu den externen Akteuren** an. Ziel ist, in einen **kontinuierlichen, zweiseitigen Dialog** mit den Kunden und anderen externen Beitragenden zu treten.

3.6.1 Koordination: Interaktionsförderliche Ablaufstrukturen

Wenn Innovationen zunehmend über Netzwerke unterschiedlicher Organisationstypen generiert werden, ist der Prozess der **Ablauforganisation** für die Leistungserstellung über die interne Organisation hinaus zu erweitern. Im Mittelpunkt steht die Frage nach dem **„Wie"** der Integration unterschiedlicher Akteure und ihrer Beiträge vor dem Hintergrund diverser Interessen in einem vernetzten Innovations- und Produktionsprozess. Wir werden diese Aspekte auch im Zusammenhang mit der Diskussion der konkreten Instrumente in Kap. 4 und 5 wieder aufgreifen.

An dieser Stelle sollen aber bereits einige allgemeine Prinzipien der Ablauforganisation bei der IWS angesprochen werden. Ablauforganisation für IWS heißt, im Unternehmen **Strukturen** zu schaffen, wie das Unternehmen …

- festlegt, welche Teilaktivitäten nach außen gegeben werden,
- festlegt, wie eine Aufgabenstellung formuliert werden kann, um den Aufruf zur Mitwirkung nach außen zu geben,
- Teillösungen und einzelne Beiträge der externen Akteure so kombinieren kann, dass die bestmögliche Antwort auf die Aufgabenstellung gebildet wird,
- diese Teillösung schließlich mit den anderen Aktivitäten kombinieren (die entweder intern oder auch nach den Prinzipien der IWS erstellt wurden) und zu einer Gesamtleistung integrieren kann, die dann einen Wert für die Nutzer schafft.

Benkler (2002) selbst unterscheidet eine **Reihe von Mechanismen**, die das Integrationsproblem der Teilbeträge verteilter Akteure bei einer Commons-based Peer Production lösen können:

- **Eine automatisierte Abwicklung der Integrationsaufgabe über dedizierte Informationsplattformen**: Vor allem wenn die Beiträge einzelner Beitragender relativ gering sind, können moderne Informationsplattformen einen Teil der notwendigen Integration automatisiert abwickeln. Ein Beispiel ist eine Entwicklungsplattform im Sinne eines CAD-Systems, das allen externen Nutzern offen steht. Im Falle wirklich innovativer Beiträge und Ideen von Nutzern und Kunden, die den Lösungsraum stark erweitern, scheint jedoch eine automatische Integration der Beiträge nicht möglich.

- **Peer Production der Integration** selbst, das heißt, auch die externen Teilnehmer übernehmen die Integration der Beiträge Einzelner in die Wertschöpfungskette: Eine Möglichkeit aus Herstellersicht ist es in diesem Fall, die Integrationsfunktion auszulagern und durch die Teilnehmer selbst vollziehen zu lassen (Peer Production der Integration). So können zum Beispiel die Nutzer den Auswahlprozess eingereichter Ideen selbst übernehmen und im Kollektiv entscheiden, welche Ideen weiterverfolgt werden. Ein Beispiel ist Wikipedia, wo die Teilnehmer selbst sowohl neue Beiträge in das Gesamtsystem integrieren als auch Ergänzungen und Verbesserungen bestehender Beiträge vornehmen. In diesem Fall ist auch die wichtige Aufgabe der Qualitätssicherung, eine Teilfunktion der Integrationsaufgabe, auf die Gesamtheit der Beitragenden ausgelagert. Basis der Qualitätssicherung ist dabei das Normensystem der Organisation.
- **Integration durch Reintegration hierarchischer Koordinationsformen**, das heißt eine interne Abwicklung durch das Herstellerunternehmen. In den meisten Fällen bedeutet jedoch die Integrationsaufgabe eine Reintegration hierarchischer Koordinationsformen, sprich die Anwendung eines klassischen Koordinationsmechanismus im Herstellerunternehmen. Dies gilt vor allem dann, wenn es sich bei interaktiver Wertschöpfung um einen durch den Hersteller initiierten Prozess handelt, bei dem die Kunden in einen Teilbereich der unternehmerischen Wertschöpfung integriert sind. In diesem Fall sind es die Mitarbeiter des Herstellers, die in einer klassischen Ablauforganisation die Beiträge der Kunden integrieren und zum Bestandteil der Gesamtleistung machen.

Die **Erforschung dieser Ablaufprozesse** steht noch recht am Anfang. Bislang hat sich die Wissenschaft in erster Linie damit beschäftigt zu zeigen, dass IWS existiert und was die wesentlichen Elemente dieses Systems sind. Arbeiten jedoch, die empirische Belege zur zielführenden Organisation der IWS aus Unternehmenssicht geben, werden gerade erst publiziert (zum Beispiel Foss et al. 2005).

3.6.2 Motivation: Interaktionsförderliche Anreizstrukturen

Daran schließt sich unmittelbar die Forderung nach interaktionsförderlichen Anreizstrukturen an. Geeignete **innerbetriebliche Anreize** müssen die Weitergabe von Kundenwissen im Unternehmen und die Aufnahme von externem Wissen belohnen. Für viele Hersteller (und deren Mitarbeiter) ist die Vorstellung, dass Nutzer einen (besseren) Beitrag zur Weiterentwicklung der eigenen Produkte leisten können, sehr neu. Oft sind es einige fortschrittlich denkende Abteilungen im Unternehmen, die eine Initiative zur Integration von Kundeninformation starten und Beiträge durch die Nutzer anregen. Diese müssen dann aber im Unternehmen durch andere Abteilungen weiterverarbeitet und genutzt werden.

Unter dem so genannten **„Not-Invented-Here"- (NIH) Syndrom"** wird im Innovationsmanagement ein Problem diskutiert, das genau diesen Transfer betrifft. Katz und Allen (1982, S. 7) definieren das NIH-Syndrom als „the tendency of a project group of stable composition to believe that it possesses a monopoly of knowledge in its field, which leads it to reject new ideas from outsiders to the detriment of its performance". Klassischerweise wurde das NIH-Phänomen unternehmensintern zwischen verschiedenen Bereichen nachgewiesen (zum Beispiel Widerstände der Entwicklungsingenieure, Input aus der Marketingabteilung zu berücksichtigen). Es ist anzunehmen, dass Widerstände gegen externes Wissen oft noch größer sein können als in Bezug auf den Input eigener Kollegen. Dies bedeutet im Falle einer IWS zwischen Kunden und einem Herstellerunternehmen, dass Wissen aus externen Quellen auf Widerstand bei wenigstens einem Teil der internen Nutzer dieses Wissens stoßen kann (Huff und Möslein 2004).

Ein klassisches Konzept zur Überwindung des NIH-Syndroms ist die Betonung von **„Gatekeepern"** (Allen 1977), die ein Entwicklungsteam mit externen Wissensquellen verbinden, aber zugleich auch nicht zielführende Informationen ausfiltern. Gatekeeper haben sowohl Mechanismen als auch Anreize, ihr Wissen über externes Wissen mit den relevanten Teilen der restlichen Organisation zu teilen. Unternehmen sollten in diesem Sinne Gatekeeper einrichten, deren spezielle Rolle die Aufnahme und Weitergabe von Kundeninformation in den internen Entwicklungsprozess des Unternehmens ist.

Eine andere Maßnahme zum Aufbau von Integrationskompetenz auf der Ebene der Anreizstrukturen ist die Schaffung einer **offenen Unternehmenskultur**. Hierzu zählen dezentrale Unternehmensstrukturen und eine Delegation von Entscheidungen auf die operative Ebene (Foss et al. 2005). Die Idee ist, Entscheidungskompetenz auf die Ebene zu verlagern, auf der auch das relevante notwendige Wissen für die Entscheidungsfindung und -exekution liegt. Denn auch **im** Unternehmen ist ein Informationstransfer häufig durch „Sticky" Information geprägt, die eine einfache Weitergabe von einer Stelle zur anderen verhindert.

Das konkrete Ausmaß dieser Reintegration dispositiver und administrativer Aufgaben hängt dabei von der Betrachtungsebene und der Aufgabenstellung ab. Grundsätzlich wird jedoch das **Subsidiaritätsprinzip** als Richtlinie für die Dezentralisierung von Funktionen befolgt (Picot et al. 2003): Entscheidungskompetenz und Ergebnisverantwortung sollen in der Hierarchie so niedrig wie möglich (also möglichst nahe am eigentlichen Wertschöpfungsprozess) angesiedelt sein. So bedeutet zum Beispiel die prozessnahe Entscheidungskompetenz eine deutlich höhere Flexibilität der Unternehmung durch kundennahe Regelkreise und den Wegfall langer und fehleranfälliger Entscheidungswege. Gleichzeitig soll die Motivation der Mitarbeiter durch ganzheitliche Aufgabenerfüllung erhöht und der Anreiz zu marktgerechtem Handeln verstärkt werden.

Ein **hoher Delegationsgrad** von Aufgaben kann deshalb zunächst die Nutzung lokalen Wissens verbessern, vor allem, wenn die Entscheidungsdelegation von entsprechenden Anreizen begleitet wird, die eine Abstimmung mit den Gesamtzielen der Organisation fördern. Ziel ist es, Entscheidungskompetenz auf die Ebene zu verlagern, auf der auch das lokale Wissen zur Problemlösung vorhanden ist. Die hieraus resultierenden Innovationen sind jedoch in der Regel Verbesserungsinnovationen. Wird allerdings lokales Wissen nicht nur lokal angewendet, sondern mit **lokalem Wissen aus anderen Quellen** zusammengebracht, kann Innovation auf einer höheren Ebene resultieren.

Ein letzter Bereich ist die Formulierung konkreter Anreize im Sinne von **Zielvorgaben oder Prämien** („Awards" und Auszeichnungen) für einzelne Mitarbeiter, die das Ziel haben, die Akquisition und Verwertung externen Wissens und die Schaffung entsprechender Interaktionsstrukturen zu fördern. So kann IWS Teil von Zielvorgaben eines Unternehmens werden.

3.6.3 Kommunikation: Interaktionsförderliche Kommunikationsstrukturen

Die Lösung des Organisationsproblems, das heißt Koordination und Motivation, bei IWS war auf die internen Strukturen im Unternehmen gerichtet. Eine dritte Facette der Interaktionskompetenz setzt an der **Gestaltung der Schnittstellen zu den externen Akteuren** an. Ziel ist, die traditionell einseitig ausgerichtete Kommunikation (vom Unternehmen an den Markt) in einen **kontinuierlichen, zweiseitigen Dialog** mit den Kunden und anderen externen Beitragenden umzuwandeln. Denn IWS heißt am Ende **Interaktion**. Hierzu unterscheiden wir drei Leitlinien:

- **Unmittelbare Kommunikation** beschreibt die Forderung der direkten gegenseitigen Erreichbarkeit und Interaktionsmöglichkeit. Kommunikation darf nicht einseitig sein, sondern muss im Sinne eines interaktiven Problemlösungsprozesses gegenseitigen Austausch ermöglichen. Durch neue Formen eines virtuellen Kundendialogs kann dies häufig zeitnah und zu relativ geringen Kosten realisiert werden.
- **Bedingtheit von Kommunikation** bedeutet, dass Kunden gezielt auf eine Ansprache durch den Anbieter und andere Kunden reagieren können. Ihre Beiträge sind also bedingt durch vorherige Beiträge bzw. können auf diesen in ergänzender Weise aufbauen. Zusätzlich sind die Kundenbeiträge bedingt durch Motivation, Interesse, Fähigkeiten und Wissen des jeweiligen Kunden. Kunden können also Art und Umfang ihres Beitrags sehr einfach gemäß ihrer momentanen Disposition und Laune auswählen, anpassen und skalieren (Pribilla et al. 1996).
- **Vielseitigkeit der Kommunikation** bedeutet eine größere Reichweite und Vernetzung als beim individuellen Kundendialog. Durch den Aufbau virtueller Gemeinschaften bzw. Communities erhalten Anbieter zum Beispiel Einblick in die soziale Denkwelt der Kunden (Kozinets 1999; Sawhney und Prandelli 2000). Der in virtuellen Kundengemeinschaften mitgeteilte, gemeinsam erzeugte und zusammengetragene Erfahrungsschatz lässt Unternehmen weiter in die soziale Dimension des Kundenwissens vordringen.

Konkretisiert werden diese Leitlinien in der Regel in informationstechnischen Plattformen und Infrastrukturen, auf denen die Interaktion mit den Kunden stattfindet. Diese werden in Kap. 4 und 5 in größerem Detail beschrieben.

3.7 Grenzen der IWS: Aufgabenteilung und Transaktionskosten

Wir haben in den vorangehenden Abschnitten gesehen, dass IWS unter bestimmten Voraussetzungen eine effiziente und effektive Form zur Organisation arbeitsteiliger Prozesse sein und durch die Integration von Wissen der Kunden neue Wettbewerbsvorteile für den Hersteller schaffen kann. Die **Bedingung dafür ist**, dass Unternehmen in der Lage sind, ihre Wertschöpfungsaufgaben in „**modulare**" und „**granulare**" **Teilaufgaben** zu zerlegen, diese so am Markt zu präsentieren, dass aus einer großen Menge an Kunden und Nutzern diejenigen per Selbstselektion eine Aufgabe suchen, für die sie am besten qualifiziert und/oder motiviert sind, den Input der Kunden effizient ins Herstellerunternehmen zu transferieren und schließlich die Integration der einzelnen Kundenbeiträge zu geringen internen Transaktionskosten zu vollziehen (Aufbau von Interaktionskompetenz). Allerdings zeigt sich an dieser Stelle bereits ein **Trade-off, der die Grenzen der IWS beschreibt**.

Der Aufgabenumfang, der an die Kunden externalisiert werden kann, steigt in dem Maße, in dem sich die Wertschöpfungsaufgaben eines Unternehmens für eine sehr feingliedrige Aufteilung eignen. Dadurch **sinken die verbleibenden Produktionskosten** des Unternehmens. Die externen Transaktionskosten für die Abstimmung mit den Kunden sinken gemäß den Prinzipien der „Peer Production" mit zunehmender Modularität und Granularität der Teilaufgaben, weil für sehr kleine Beiträge, die sich die Kunden selbst auswählen, tendenziell keine zusätzlichen Anreize notwendig sind. Allerdings bedarf es dann der **innerbetrieblichen Koordination und Integration einer größeren Anzahl von Einzelbeiträgen**. Diese Integrationsaufgabe verursacht dann tendenziell höhere interne Transaktionskosten. Aus dieser Argumentation folgen drei Grenzen der IWS:

(1) Kosten für die Integration der Teilergebnisse. Wenn ein Unternehmen die internen Transaktionskosten für die Integration der Teilaufgaben senken kann, dann kann das Ausmaß der IWS in ökonomisch sinnvoller Weise ausgedehnt werden. Hieraus folgt aber ein **Bedarf an geeigneten technischen Hilfsmitteln,** der neue Kosten verursacht (zum Beispiel Kosten für Aufbau und Pflege von Interaktionsplattformen zur synchronen Kollaboration im Internet, Aufbau von Toolkits etc.). Aus dem gleichen Grund sind komplementäre organisationale Mechanismen in der Kundendomäne erforderlich, die geeignete Möglichkeiten und Anreize für die Kunden bieten, einen Teil der Integrationsaufgabe selbst zu übernehmen (zum Beispiel Ideenwettbewerbe, Maßnahmen zur Peer Recognition). Es entstehen also **Kosten für den Aufbau von Interaktionskompetenz**.

(2) Anforderungen an die Eignung betrieblicher Wertschöpfungsaufgaben für die IWS. Voraussetzung der IWS ist weiterhin eine weitreichende Zerlegbarkeit der betrieblichen Wertschöpfungsaufgaben. Ist diese Zerlegbarkeit (Granularität) nicht gegeben, bleiben die Teilaufgaben, die wegen ihres Bedarfs an externem Kundenwissen potenziell ausgelagert werden sollten, so umfangreich und anspruchsvoll, dass sie kaum ohne eine vertragliche Vereinbarung von Gegenleistungen abgewickelt werden können. Damit steigen aber wieder die externen Transaktionskosten – oder es entstehen Opportunitätskosten durch die entgangenen Nutzengewinne als Folge der IWS.

Inwieweit sich die Wertschöpfungsaufgaben eines Unternehmens für eine einfache Modularisierung und Reintegration eignen, macht sich an den Aufgabenmerkmalen fest (Picot et al. 2003). Betrachtet man etwa den Grad der Strukturiertheit, so bieten sich prinzipiell Aufgaben von hoher Strukturiertheit an, die exakte, einander eindeutig zuzuordnende Lösungsschritte und Input-Output-Relationen beinhalten. Dabei ist die Komplexität im Sinne der Anzahl notwendiger Lösungsschritte und deren Ursache-Wirkungs-Beziehungen weniger ein Problem, solange sie grundsätzlich ex ante bekannt sind. An seine Grenzen stößt das reine Konzept der Peer Production bei wissensintensiven Aufgaben wie Produktentwicklung und -Design mit hohem technischen Neuigkeitsgrad, die heute in Unternehmen oftmals in Teams ausgeführt werden. Solche Aufgaben sind nicht in relativ kleine Teilaufgaben von wissensökonomischer Reife zu zerlegen. Doch auch hier zeichnet sich ab, dass eine IWS möglich ist, sofern geeignete, dem Aufgabenumfang entsprechende Anreize gesetzt werden.

(3) Wichtigkeit materieller Inputfaktoren. Eine dritte Grenze der IWS lässt sich in der Wichtigkeit materieller Inputfaktoren für die Wertschöpfung in vielen Unternehmen ausmachen. Benkler (2002) sieht als wesentlichen Grund für die Verbreitung der IWS nach dem Prinzip der Peer Production die drastische Reduktion der Informations- und Kommunikationskosten. Wenn die Kosten der notwendigen materiellen Ressourcen (Internetzugang, Computer etc.) relativ kostengünstig und weit verteilt sind und der notwendige Inputfaktor Information tendenziell ein nicht knappes, öffentliches Gut darstellt, dann ist das Wissen bzw. Talent oder Humankapital der beteiligten Akteure der einzig knappe und wichtigste Inputfaktor. Unter diesen Bedingungen ist IWS ein geeignetes Modell. Wir argumentieren, dass IWS nicht auf die Produktion reiner Informationsgüter beschränkt ist. Jedoch sind die Wertschöpfung und der dazu notwendige Wissenstransfer für viele materielle Güter auch unwiderruflich verbunden mit dem Austausch materieller Inputfaktoren, deren Produktion aufgrund von Skaleneffekten am besten von einem Unternehmen anstatt von Kunden ausgeführt wird.

Wir haben bis zu dieser Stelle einen weiten Weg von der tayloristischen Organisation arbeitsteiliger betrieblicher Wertschöpfung über die Netzwerkorganisation bis zum neuen Konzept der IWS beschritten. Unter bestimmten Bedingungen und innerhalb gewisser Grenzen stellt dieses Modell eine für viele Unternehmen völlig neue Alternative zur Organisation der Wertschöpfung dar. Es wird aber die klassischen Formen nicht ablösen und in vielen Wertschöpfungssystemen auch nicht in Reinform, sondern im Mix mit anderen Organisationsformen zum Einsatz kommen. Auch wird es in einer „verwässerten" Form auftreten, das heißt, es sind nicht alle Prinzipien der IWS genau umgesetzt. Ziel von Kap. 4 und 5 ist es deshalb, aus einer mehr anwendungsorientierten Sicht das Konzept der IWS zu konkretisieren und seine Umsetzung in der betrieblichen Praxis aufzuzeigen.

IWS in der Innovation: Open Innovation

4

Open Innovation sieht den Innovationsprozess als einen vielschichtigen offenen Such- und Lösungsprozess, der zwischen mehreren Akteuren über die Unternehmensgrenzen hinweg abläuft. Diese Öffnung des Innovationsprozesses für externen Input und die Auslagerung von Aufgaben an die Akteure, die besondere Kompetenzen oder lokales Wissen zu ihrer Lösung haben, schafft viele neue Potenziale.

Open Innovation wurde in der letzten Dekade zu einer zentralen Idee im Innovationsmanagement. Statt sich nur auf die internen Fähigkeiten der eigenen Forscher und Entwickler zu verlassen, werden externe Problemlöser in den Innovationsprozess integriert. Dies geschieht dabei nicht in Form klassischer Forschungs- und Entwicklungskooperationen oder der Beauftragung von Ingenieurdienstleistern, sondern durch einen offenen Aufruf an ein großes, undefiniertes Netzwerk an Akteuren, an einer Entwicklungsaufgabe mitzuwirken – das heißt durch den in Abschn. 3.3.2.1 erklärten IWS-Mechanismus Broadcast Search. Es übermittelt diejenige eine Lösung, die das Problem an sich erkennt und eine eigene Herangehensweise zur Lösung hat – und nicht derjenige, der von seinem Vorgesetzten mit der Lösungsfindung beauftragt wurde. Viele Studien haben heute die Wirksamkeit dieses Mechanismus bewiesen.

Wir diskutieren in diesem Kapitel, welche neuen Möglichkeiten sich für ein Unternehmen bieten, Zugriff auf Bedürfnis- und Lösungsinformation für den Innovationsprozess zu bekommen, indem es **externe Akteure in die Neuproduktentwicklung einbezieht**:

- Wir wissen zum einen aus zahlreichen empirischen Befunden, dass viele Innovationen ihren Ursprung nicht der Entwicklungsleistung von Herstellern verdanken, sondern vielmehr der **Kreativität von Nutzern und Kunden**. Wir werden dieses Phänomen der „Nutzer und Kunden als Quelle und Co-Produzenten von Innovationen" im Folgenden näher betrachten. Im Sinne der IWS werden wir untersuchen, wie Hersteller und Kunden kooperativ Innovationen hervorbringen können.

- Zum anderen gibt es Methoden, um externe Experten, die ein hochspezifisches Wissen in einer Domäne haben, die aber dem Unternehmen bislang unbekannt sind, in dessen Innovationsprozess einzubringen.

Es sei an dieser Stelle aber bereits betont, dass Open Innovation das in modernen Industrieunternehmen praktizierte „klassische" Innovationsmanagement ergänzen, aber nicht ersetzen kann. Die Interaktion mit den Kunden und anderen externen Akteuren erschließt neue Quellen des Wissens über Bedürfnisse und Lösungen. Doch im Unternehmen muss jemand die richtigen Fragen stellen, das externe Wissen bewerten und integrieren, und marktfähige Lösungen hervorbringen.

4.1 Der interaktive Innovationsprozess

Wir haben in Kap. 3 als ein wesentliches Prinzip der IWS das Konzept der Kundenintegration eingeführt. Kundenintegration kann dabei innerhalb eines gegebenen Lösungsraums stattfinden und die durch einen Anbieter vorgegebenen Potenziale konkretisieren. **Kundenintegration** kann aber auch diesen Lösungsraum erweitern, modifizieren oder gar schaffen. Genau diese Erweiterung entspricht dem Innovationsbegriff: Eine Innovation soll als Kreation bzw. Erweiterung des Lösungsraums eines Nutzers oder Herstellers verstanden werden.

Der Weg von einer Invention zu einer im Markt erfolgreich platzierten Innovation erfolgt in verschiedenen Phasen. Die Gesamtheit dieser Phasen wird als **Innovationsprozess** bezeichnet. Innovationsprozesse werden dabei häufig in einen idealtypischen Ablauf gegliedert. Ein bekanntes Beispiel für einen solchen Ablauf ist das fünfstufige, lineare Phasenmodell aus Ideengenerierung, Konzeptentwicklung, Prototyp, Produkt-/Markttest und Markteinführung (Cooper und Kleinschmidt 1987; Wheelwright und Clark 1992). Empirische Untersuchungen haben vielfach gezeigt, dass ein Innovationsprozess nicht linear, sondern vielmehr in rekursiven Schleifen verläuft und mitunter durch zahlreiche Brüche gekennzeichnet ist. Auch betonen aktuelle Ansätze der agilen Produktentwicklung (zum Beispiel Scrum, hochiterative Entwicklung im Sinne von Design Thinking) die Grenzen der klassischen sequentiellen Modelle. Aus Gründen der Darstellung werden wir aber dennoch im Folgenden von einer linearen Phasengliederung ausgehen.

Bildhaft vollzieht sich dieser Interaktionsprozess nach dem Phasenmodell von der Ideengenerierung über die Konzeptentwicklung und mündet schließlich aus der Sicht der Kunden in der Phase der Problemlösung. All diese Phasen können Ansatzpunkte für Open Innovation sein. Auf die im Folgenden nur genannten Instrumente von Open Innovation gehen wir in Abschn. 4.6 noch intensiver ein.

(1) Ideengenerierung. Den Ausgangspunkt einer Innovation bildet die Phase der Ideengenerierung („Ideation"). Diese Phase wird auch als **„Fuzzy Front End"** des Innovationsprozesses bezeichnet (Cooper 1988). Ein Unternehmen verfolgt in ihr das Ziel,

4.1 Der interaktive Innovationsprozess

Opportunitäten abzuleiten und seinen Ideenpool für Innovationen zu bilden bzw. zu vergrößern. Dabei kann es sich zum einen um Ideen für völlig neuartige Produkte oder Dienstleistungen handeln, welche das Unternehmen zuvor noch nicht am Markt angeboten hat. Zum anderen können Ideen darauf abzielen, bestehende Produkte oder Dienstleistungen des Unternehmens zu verbessern und für den Nachfrager attraktiver zu gestalten.

Grundlage der Ideengenerierung sind Informationen über die (angenommenen offenen) Bedürfnisse der (potenziellen) Nachfrager und Nutzer einer Innovation (Bedürfnisinnovation). Nach einer Sammlung und Systematisierung eingehender Ideen werden diese anschließend bewertet. Im Vordergrund stehen dabei weniger ökonomische Aspekte als vielmehr die Kompatibilität der Idee mit dem angestrebten Leistungsprogramm, der (Technologie-) Strategie des Unternehmens und möglichen gesetzlichen Restriktionen sowie die Einzigartigkeit der Idee im Vergleich zum Wettbewerb.

In der traditionellen Vorstellung des Innovationsmanagements erfolgt die Ideengenerierung aus internen Quellen. Open Innovation erschließt dagegen zusätzlich externe Quellen für den Innovationsprozess. Konkrete Instrumente dazu können Ideenwettbewerbe, die Lead-User-Methodik oder die Interaktion in Online-Communities sein. Eine wichtige, wenngleich in Wissenschaft und Praxis noch nicht so intensiv verfolgte Möglichkeit ist, externe Akteure auch in eine offene Bewertung der generierten Ideen einzubeziehen.

(2) Konzeptentwicklung. Positiv bewertete Ideen treten in die zweite Phase der Konzeptentwicklung ein. Die Innovationsidee – von Natur aus eine noch recht vage verbale Beschreibung der angestrebten Innovation – wird nun verfeinert und weiterentwickelt. In dieser Phase finden zentrale Tätigkeiten der Forschung und Entwicklung (F&E) statt. Dies beinhaltet zunächst eine Visualisierung der Idee durch Skizzen, Mock-ups oder Animationen. Des Weiteren erfolgen die Ausarbeitung eines definierten Zeitplans und eines Investitionsplans sowie Abschätzungen hinsichtlich der technischen Realisierbarkeit und des Marktpotenzials der Innovationsidee. Die abschließende Konzeptbewertung erfolgt klassischerweise durch Experten, das Senior-Management und vor allem durch Analysen der Marktforschung (Wheelwright und Clark 1992). Im Sinne der IWS können Kunden und andere Akteure nicht nur Ideen, sondern auch Konzepte bis hin zu funktionsfähigen Prototypen entwickeln. Instrumente hierzu sind Design-Wettbewerbe und Co-Creation Communities.

(3) Produkt- und Markttest. Bei einer konventionellen Herstellerinnovation wird der Prototyp in dieser Phase in das Produktionssystem überführt und in der Regel zunächst in kleinen Stückzahlen für einen Testmarkt produziert. Hier werden Akzeptanz und Performance der Innovation unter realen Marktbedingungen evaluiert. Im Rahmen des Open-Innovation-Ansatzes können Unternehmen beispielsweise Funktionstests und aufwändige Fehlersuchen auf die Kunden übertragen. Doch sind bei einer nutzerdominierten Innovation Produkt- und Markttests zum Test der Akzeptanz häufig gar nicht mehr notwendig, wenn die Innovation ursächlich auf den Ideen der Kunden beruhte.

(4) Markteinführung. Im Rahmen der Markteinführung geht es um Kommunikation und Vermarktung der Innovation. Dies umfasst beispielsweise die Preissetzung, die Auswahl und Kombination geeigneter Distributionskanäle, das Marken- und Kommunikationsmanagement oder die Schulung von Verkaufspersonal. Open Innovation stellt an die Stelle einer groß angelegten Markteinführung für einen anonymen Markt eine dezidierte Vermarktung mit Pilotkunden, um durch die gesammelten Erfahrungen das Marktpotenzial schrittweise aufzubauen. Ebenso können die Kunden eine wichtige Rolle zur Diffusion übernehmen, indem sie in die Vermarktung und Distribution der Produkte mit einbezogen werden.

4.2 Von Kundenorientierung zu Kundenintegration im Innovationsprozess: der Weg zu Open Innovation

Open Innovation hat viele Vorgänger. Denn der Gedanke, Kunden in bestimmte Phasen des Innovationsprozesses einzubeziehen, ist nicht neu. Wir wollen im Folgenden kurz diese Ansätze vorstellen, um die Entwicklung von Open Innovation zu verstehen und diesen Ansatz von anderen Ideen der Integration von Kundeninformation in den Innovationsprozess abgrenzen zu können. Die Argumentation in diesem Abschnitt baut auf folgenden Ansatzpunkten auf:

- Die Marketingforschung hat viele methodische Ansätze entwickelt, um Kundenorientierung im Innovationsprozess sicherzustellen. Diese Ansätze zur so genannten **„Voice of the Customer"** belassen den Kunden allerdings noch in einer passiven Rolle.
- Deutlich weitergehend ist der Ansatz Eric von Hippels, der mit seinem **„Lead-User"-Konstrukt** bereits in den 1980er Jahren einen Paradigmenwechsel einleitete und Kunden bzw. Nutzer als die wesentliche Quelle von Innovationen sah. Dieser Ansatz kommt unserer Vorstellung von Innovationsprozessen nahe, betont aber nicht die kooperative und gemeinsame Problemlösung zwischen Herstellern und Kunden.
- Ebenso gibt es viele Konzepte im Innovationsmanagement zur **Netzwerkorganisation**. Die Ansätze öffnen Innovationsprozesse über die Unternehmensgrenzen hinaus und betrachten verteilte Problemlösungsprozesse mit Technologielieferanten, Zulieferern, Wettbewerbern und ansatzweise auch Kunden bzw. Nutzern. Die Integration der Beiträge folgt allerdings den klassischen Organisationsprinzipien Hierarchie oder Markt. Hier ist auch die von Chesbrough (2003, 2006) propagierte Auffassung des Begriffs „Open Innovation" zu sehen.
- Unser Konzept von Open Innovation ergänzt das von Hippelsche Verständnis der Kundeninnovation um die Idee der **Peer Production** nach Benkler (2002, 2006) oder **Crowdsourcing** nach Howe (2008) bzw. eines **Broadcast Search** (Lakhani et al. 2007) als Ansätze, die Effizienz und Effektivität der Suche nach Bedürfnis- und Lösungsinformation zu steigern. Open Innovation in unserem Sinne konkretisiert so die Prinzipien der IWS für den Innovationsprozess.

4.2.1 Klassische Ansätze der Kundenorientierung: „Voice of the Customer"

Empirische Studien belegen, dass die meisten neuen Produkte, die in einem Markt eingeführt werden, scheitern (Cooper 1993; Crawford 1987). Je nach Branche wird von Flop-Raten zwischen 50 und 90 Prozent aller neu eingeführten Produkte berichtet. Für die deutsche Konsumgüterindustrie stellt Kuester (2008) fest, dass 70 Prozent aller neu eingeführten Produkte nach zwölf Monaten nicht mehr auf dem Markt sind. In den USA sind es sogar zwischen 70 und 90 Prozent (Gourville 2006). Doch auch im Business-to-Business-Bereich scheitern zwischen 50 und 70 Prozent aller Neuprodukte.

Deshalb herrscht heute in der Literatur Übereinstimmung über die **Bedeutung der Kundenorientierung** im Innovationsprozess. Unternehmen müssen die „Stimme der Kunden" als wesentliches Mittel zur Reduktion von marktlichen Unsicherheiten berücksichtigen (zum Beispiel Ernst 2002; Gruner und Homburg 2000). Wir bezeichnen diese Information als **Bedürfnisinformation**.

Erfolgreiche Innovationen entstehen, wenn diese Information über Bedürfnisse potenzieller Kunden mit Informationen hinsichtlich der Lösung und Umsetzung dieser Bedürfnisse in ein entsprechendes Leistungsangebot (Lösungsinformationen) verknüpft werden:

- Wie bereits in Kap. 3 erläutert, beinhaltet **Bedürfnisinformation** Wünsche, Präferenzen und Anforderungen der Kunden an eine Leistung sowie an deren Leistungsfähigkeit, Qualität, Design oder Preis. Bedürfnisinformation der Kunden kann sich zum einen auf Produkte und Dienstleistungen beziehen, die bisher noch nicht auf dem Markt angeboten werden. In diesem Falle verspüren Kunden ein Bedürfnis, welches bisher noch durch kein existierendes Marktangebot befriedigt wird. Bedürfnisinformation kann sich aber auch auf Erfahrungen der Kunden mit dem bisherigen Leistungsangebot eines Unternehmens erstrecken. Unzufriedene Kunden können demnach über Informationen verfügen, welche (fehlenden) Attribute eines Leistungsangebots diese Unzufriedenheit (ungestilltes Bedürfnis) hervorrufen. Bedürfnisinformation steht so für **Effektivität im Innovationsprozess**. Die Integration von Kunden in die Initiative, ein Innovationsprojekt durchzuführen, reduziert die Flop-Rate drastisch, da so ein effektives Handeln im Sinne einer bedarfsgerechten Entwicklung unterstützt wird.

- **Lösungsinformation** umfasst (technisches) Wissen, wie ein Problem/Bedürfnis durch eine konkrete Produktspezifikation oder eine Dienstleistung gelöst werden kann, das heißt Informationen über die erfolgreiche Transformation von Bedürfnissen in ein konkretes Leistungsangebot. Dabei kann es sich um den Einsatz von Wissen, Technologien, Fertigungstechniken oder Humankapital handeln. Lösungsinformationen sorgen also dafür, dass Bedürfnisinformationen (potenzieller) Kunden in ein konkretes, marktfähiges Leistungsangebot übersetzt werden. Der Zugang zu Lösungsinformation steht so für die Effizienz der Wertschöpfung.

Der traditionelle Innovationsprozess unterstellt eine stetige, vordefinierte Verteilung von Lösungs- und Bedürfnisinformationen. Demnach verfügen Kunden über Bedürfnisinformationen und das innovierende Unternehmen über Lösungsinformationen. Für das Unternehmen besteht die zentrale Herausforderung darin, über Marktforschungstechniken Bedürfnisinformation vom Markt in die firmeneigene Forschungs- und Entwicklungsabteilung zu transferieren (dieser Vorgang wird oft auch als **Aufnehmen der „Voice of the Customer"** bezeichnet; siehe Griffin und Hauser 1993). Dort wird die Bedürfnisinformation der Kunden dann unter Nutzung der Lösungsinformation von Forschern und Entwicklern in ein entsprechendes Leistungsangebot übersetzt (von Hippel 1978, 1998). Weitere Marktforschungsaktivitäten und der Test von Prototypen sollen dabei sicherstellen, dass die Ergebnisse der eigenen Produktentwickler auch den tatsächlichen Bedürfnissen des Zielmarktes entsprechen. Damit kommt es oft zu einer iterativen Annäherung zwischen dem Feedback der Marktforschung und weiteren Verbesserungen und Anpassungen der Entwickler des Herstellers.

Klassische Methoden zur Generierung kundenorientierter Informationen im Innovationsprozess entstammen der **Marktforschung**: Beobachtungen, Tiefeninterviews oder Gruppendiskussionen dienen der Ableitung von so genannten „Customer Insights"; also von Einblicken in Bedürfnisse und ungelöste Probleme der Kunden. Quantitative Befragungen dagegen validieren diese Bedürfnisse mit einer großen, repräsentativen Stichprobe. Als eine integrierte und sehr gute Methode an dieser Stelle sei „Outcome Driven Innovation" erwähnt.

Das **Problem** dieser klassischen Methoden der Kundenorientierung ist, dass das Innovationsmanagement sich zwar aus einer Außensicht an den Präferenzen und Zufriedenheitsurteilen eines „durchschnittlichen" Kundensegments orientiert, dabei jedoch die Heterogenität der Kundenwünsche nicht berücksichtigt, das heißt, die entwickelte Lösung trifft ggf. die Bedürfnisse bestimmter Marktsegmente nicht (Franke und Piller 2004):

- Marktforschung im traditionellen Innovationsprozess behandelt den Kunden als repräsentative, statistische Durchschnittsgröße. Kunden mit besonders neuen Bedürfnissen verlieren somit an Bedeutung oder werden durch das Unternehmen nicht erkannt (da sie ja gerade nicht die Bedürfnisse der aktuellen Mehrheit der Kunden haben, sondern neue Bedürfnisse, die die Mehrheit ggf. erst in einer der folgenden Perioden verspürt).
- Die Nutzung von Kundenwissen erstreckt sich bei klassischer Marktforschung nicht auf den gesamten Innovationsprozess. Bedürfnisinformation der Kunden wird meist nur in der Phase der Ideengenerierung sowie Markteinführung verwendet.
- Viele Probleme der Marktforschung im Innovationsprozess resultieren zudem aus der Tatsache, dass neue Bedürfnisse oft „sticky" und in der lokalen Domäne der Kunden liegen, das heißt nicht einfach oder nur zu hohen Kosten durch einen Hersteller zu erkennen und in die eigene Domäne zu überführen sind.

4.2.2 Lead User als Quelle von Innovationen

Hier setzt der **Lead-User-Ansatz** an (von Hippel 1998). Empirische Forschungsarbeiten zeigen seit vielen Jahren, dass viele funktional neue Innovationen nicht auf einen gerichteten Innovationsprozess eines Herstellers zurückgehen, sondern auf einen (frustrierten) Nutzer. Manche besonders fortschrittlichen Nutzer verspüren oft ein neues Bedürfnis, sie entwickeln eine Idee, wie dieses Bedürfnis befriedigt werden könnte, und übersetzen diese Idee dann in vielen Fällen in einen funktionsfähigen Prototyp, den sie oft in weiteren Stufen noch verfeinern und verbessern.

Wenn der Prototyp ihr Bedürfnis befriedigt, ist für die meisten Kunden der Innovationsprozess beendet. Deshalb teilen sie auch oft bereitwillig ihre Entwicklung mit anderen Nutzern. „Entdeckt" dann ein Hersteller die Verbesserung, Weiterentwicklung oder gar Neuentwicklung seiner Produkte bei seinen Kunden, kann er es aus eigener Initiative in ein marktfähiges Produkt überführen, Dennoch sind es die Kunden bzw. Nutzer, die als die eigentlichen „Innovatoren" bezeichnet werden müssen.

Es gibt in fast allen Branchen, wenn auch mit stark unterschiedlichen Anteilen, bestimmte Akteure, die als besonders fortschrittliche Kunden bezeichnet werden können. Diese in der englischsprachigen, aber auch in der deutschen Literatur als **Lead User** bezeichneten Nutzer haben zwei wesentliche Eigenschaften (von Hippel 1988, 1994; siehe auch Herstatt und von Hippel 1992; Herstatt et al. 2002; Lilien et al. 2002):

- Zu einem Zeitpunkt t verfügen Lead User bezüglich ihrer Anforderungen an ein Produkt über ein **Bedürfnis**, welches sich durch kein existierendes Marktangebot befriedigen lässt. Ihr singuläres Bedürfnis wird zum Zeitpunkt t+1 für einen mehr oder weniger großen Kundenkreis ebenfalls relevant.
- Ihr unbefriedigtes Bedürfnis äußert sich in einer **Unzufriedenheit mit dem bisherigen Marktangebot**. Um dieser zu begegnen, haben Lead User sowohl die Fähigkeit als auch die Motivation, eigenständig innovative Lösungen zu entwickeln.

Lead User verfügen so über **Bedürfnisinformationen** hinsichtlich einer Leistung. Während diese Bedürfnisinformationen bei durchschnittlichen Kunden latent sind, sind Lead User in der Lage zu definieren, welche Faktoren diese Unzufriedenheit hervorrufen. Innovative Kunden im Sinne von Lead Usern werden also bereits dann aus eigenem Antrieb innovativ tätig, wenn die Mehrheit der Kunden (also genau die „Zielgruppe" von Herstellern!) dieses Bedürfnis noch nicht hat.

Deshalb greifen auch Methoden zu kurz, die diese klassischen Zielkunden nach ihren offenen Bedürfnissen befragen. Vielmehr müssen Unternehmen versuchen, Lead User zu identifizieren und ihre Innovationen in die Unternehmensdomäne zu übertragen. Ein Unternehmen, das Lead-User-Entwicklungen erkennt, muss nicht mehr unbedingt das ursächliche Bedürfnis (Problem) der Kunden erkennen, sondern bekommt unmittelbar

Zugang zu einem Artefakt, das bereits eine Lösung zur Bedürfnisbefriedigung erhält. Damit wird der schwierige Zugang zu „sticky" Bedürfnisinformation durch die Interpretation einer konkreten (innovativen) Lösung ersetzt. Abbildung 4.1 grenzt den Lead-User-Ansatz von klassischen Verfahren der Marktforschung („Voice of the Customer") im Innovationsprozess ab.

Wir haben bereits das Problem der Nutzung lokaler Information für einen Problemlösungsprozess betrachtet. Genau dieses Phänomen tritt auch bei Kundeninnovation auf. Kunden haben in der Regel oft implizite, aber sehr genaue Kenntnisse ihrer Bedürfnisse, sind allerdings in Bezug auf ihre Lösungsmöglichkeiten auf Wissen **in ihrer Domäne beschränkt**. Deshalb sind Nutzerinnovationen oft technisch nicht so ausgereift wie Innovationen von Herstellern, die in der Regel deutlich besseres Verfahren- und Produktionswissen haben. Dies erklärt auch die empirische Beobachtung, dass Innovationen aus der Herstellerdomäne oft Verbesserungsinnovationen sind, während Kundeninnovationen funktional neue Anwendungen sind (von Hippel 2005).

Der Fokus von Lead Usern auf bei ihnen **lokal vorhandene Bedürfnis- und Lösungsinformation** führt zu zwei Effekten:

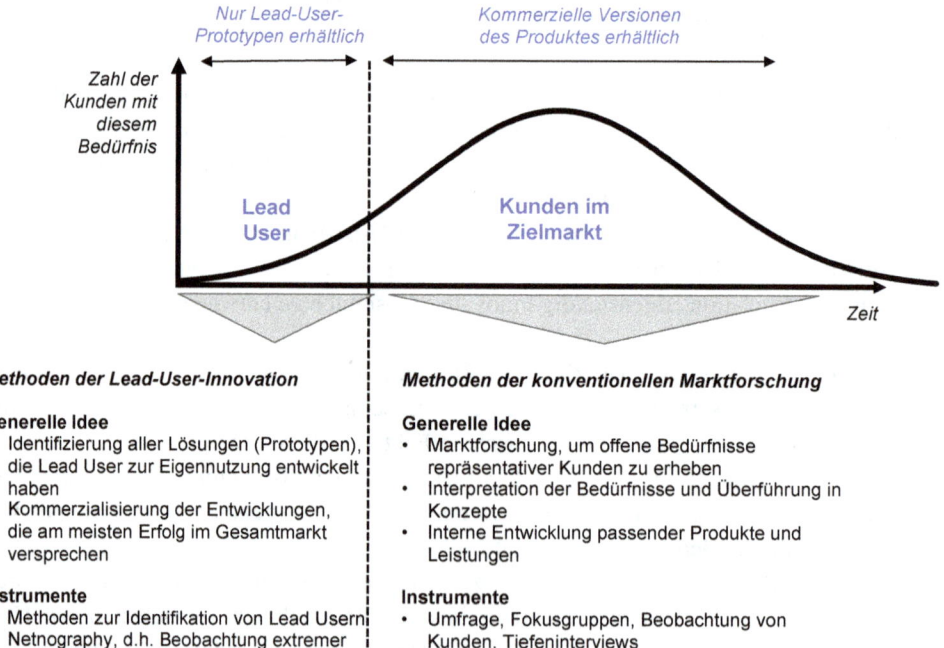

Abb. 4.1 Gegenüberstellung des Lead-User-Ansatzes und klassischer „Voice-of-the-Customer"-Methoden (Quelle: in Anlehnung an von Hippel 2005)

- Innovative Kunden entwickeln **eine neue Lösung für ein neues Problem**, das die Hersteller bislang noch nicht betrachtet haben. Sie verwenden dabei aber Verfahren, die nicht dem „State of the Art" entsprechen und so vom Hersteller in eine bessere Lösung überführt werden. In diesem Fall treten oft die Kunden an einen Hersteller heran mit der Bitte, eine neue Lösung professionell herzustellen.
- Manche Nutzer aber haben neben Bedürfnisinformation auch Zugang zu **innovativer Lösungsinformation**. Im Falle industrieller Kunden verwenden sie beispielsweise in ihren eigenen Produktionsprozessen bereits einen neuen Werkstoff oder eine neue Bearbeitungsmethode, die sie dann auch für die Lösung ihres eigenen Bedürfnisses heranziehen. Damit erweitern sie oft auch den Lösungsraum des originären Herstellers. Ein Beispiel für diesen Fall wäre ein Materialwissenschaftler, der gleichzeitig begeisterter Marathonläufer ist. Er hat Probleme mit den Dämpfungseigenschaften seiner Schuhe. Da er aber in seinem Beruf mit einem innovativen Gummi experimentiert, kommt er auf die Idee, diesen Gummi in eine selbstgebaute Innensohle seines Schuhs einzubauen.

In der Wissenschaft ist **Nutzerinnovation** als autonomes Phänomen seit Langem erforscht (von Hippel 2005). Die Existenz fortschrittlicher Nutzer und Kunden ist heute ebenso breit belegt wie ihre wichtige Rolle als Urheber und Initiator vieler innovativer Produkte und Leistungen, die heute von Herstellern im Markt angeboten werden. Diese Forschung – und das klassische Bild des Lead Users als ein vom Herstellerunternehmen unabhängiger Innovator – erweitert die konventionelle Vorstellung des Innovationsprozesses um die Sichtweise eines offenen Problemlösungsvorgangs, der den Input vieler Akteure beinhaltet.

Jedoch wird die **Rolle des Herstellerunternehmens relativ passiv** gesehen: Unternehmen warten, bis ein Lead User mit einer innovativen Lösung an sie herantritt, oder aber sie suchen nach existierenden Lead-User-Lösungen unter ihren Kunden. Der klassische Lead-User-Ansatz geht also von einer Trennung der Aktivitäten von Hersteller und Nutzer aus: Kunden, die selbst innovativ tätig werden, tun dies aus eigenem Antrieb, aber auch auf eigene Kosten und mit eigenen Mitteln, ohne Kooperation mit dem Hersteller des Produktes.

Unsere Vorstellung von IWS im Innovationsbereich geht einen Schritt weiter: In Ergänzung zum „klassischen" Lead-User-Ansatz sind wir der Auffassung, dass Kundeninnovation ein Vorgang ist, der durch ein Herstellerunternehmen aktivierbar und (zumindest teilweise) steuerbar ist. Denn Hersteller können nicht nur nach Kundenentwicklungen im Sinne von funktionsfähigen Prototypen der Lead User suchen, sondern auch versuchen, mittels bestimmter Hilfsmittel Lead-User-Innovationen zu unterstützen oder gar anzuregen. Die Anwendung dieser Methoden wandelt so den klassischen Lead-User-Ansatz, der von autonom handelnden Kunden ausgeht, in eine Strategie der IWS (Kooperation zwischen Hersteller und Kunden). Damit kann die Zahl der potenziellen Kunden, die sich für eine Integration in den Innovationsprozess eignen, ggf. deutlich erhöht werden, da die Hürde zur Partizipation an Problemlösungsaktivitäten gesenkt wird.

4.2.3 Innovationsprozesse in interorganisationalen Netzwerken: Chesbroughs Verständnis von Open Innovation

Wie wir in Kap. 2 diskutiert haben, hat in der Organisationstheorie der **Fokus auf Netzwerke** mit Lieferanten, mit dem Handel und teilweise sogar mit Konkurrenten bis hin zur Vision des virtuellen Unternehmens die Sichtweise einer rein internen, geschlossenen Wertschöpfung schon lange revidiert. Ebenso kann der Innovationsprozess als interaktive Beziehung zwischen einem fokalen Herstellerunternehmen (klassisch: der „Innovator") und seinen Zulieferern, Kunden und anderen Institutionen gesehen werden (Laursen und Salter 2006). Das frühe Bild des „einsamen" innovativen Unternehmers nach Schumpeter (1934) weicht so einer deutlich vielschichtigeren Sichtweise des Innovationsprozesses als Netzwerk verschiedenster Akteure (Chesbrough 2003; Piller 2004; Szulanski 2003). Der **Erfolg einer Innovation** basiert folglich zu einem großen Teil auf der Fähigkeit des Unternehmens, entlang aller Phasen Netzwerke mit externen Akteuren einzugehen.

Warum? Nun, der Innovationsprozess entspricht in seinem Kern einem **Problemlösungsprozess**. Problemlösung hat zwei wesentliche Eigenschaften: „Trial and Error" und die Rekombination vorhandenen Wissens in einem neuen Kontext (von Hippel und Tyre 1995). Ein Unternehmen, das diese Schritte nur rein intern vollzieht, ist zum einen auf die eigene Wissensbasis angewiesen, die innerhalb der Unternehmensgrenzen vorhanden ist, und zum anderen muss es alle Versuchs- und Evaluierungsschritte ebenfalls selbst vollziehen.

Werden dagegen **externe Akteure in den Problemlösungsprozess einbezogen**, kann dieser oft schneller, kostengünstiger und/oder auf einem höheren Niveau vollzogen werden. Oft wurden bestimmte Probleme bereits in einer anderen Domäne gelöst, die Lösung ist aber im Anwendungsbereich des suchenden Unternehmens nicht bekannt. Die Tendenz von Akteuren, zunächst (und oft nur) in einem lokalen Umfeld (geographisch und disziplinär bzw. funktional) nach Lösungsmöglichkeiten zu suchen, haben wir in Kap. 3 bereits diskutiert. Die Integration externer Quellen für Lösungsinformation ist eine klassische Methode, das **Problem der lokalen Suche** zu überwinden.

Ein prominenter Vertreter der Öffnung einer rein internen F&E durch eine Kooperation mit externen Akteuren ist Henry **Chesbrough** (2003, 2006). Er kritisiert die herrschende Innenperspektive im Innovationsprozess. Diese bezeichnet er als geschlossenes Innovationsmodell („Closed Innovation Model"), das sich auch heute noch in Schilderungen der glorreichen Leistungen großer, von der Öffentlichkeit eng abgeschirmter unternehmensinterner Forschungslaboratorien wie Xerox PARC, Lucent Bell Labs oder dem Garching-Lab von General Electric manifestiert. Chesbrough aber argumentiert, dass eine reine Kommerzialisierung interner Ideen nicht mehr ausreicht, um langfristig die Stellung des Innovationsführers zu erhalten. Gründe hierfür sind die zunehmende Mobilität innovationsrelevanten Wissens, ein mangelnder Schutz geistigen Eigentums sowie vereinfachte Möglichkeiten der Gründung innovativer Jungunternehmen durch Bereitstellung von Wagniskapital.

In seinem **Modell der offenen Innovation** kommerzialisieren Unternehmen sowohl intern generierte Ideen als auch Innovationen, die außerhalb des eigenen Unternehmens entstehen. Beispiele hierfür sind Lizenzierungen, Entwicklungskooperationen, Wagniskapitalbeteiligungen oder Spin-offs. **Derartige Kooperationen und Beteiligungen können aus mehreren Gründen erfolgreich sein:**

- Der eigenen Forschungs- und Entwicklungsabteilung fehlt häufig der „**Blick über den Tellerrand**", zum Beispiel in Bezug auf relevante Entwicklungen in anderen Industrien. Dieser Effekt wird durch das „Not-Invented-Here"-Syndrom noch verstärkt. Das Syndrom bezeichnet die Ablehnung von Innovationen, die nicht der unternehmensinternen Forschung und Entwicklung entsprungen sind. Die Kooperation mit externen Verwertungspartnern lässt solche Ideen einfacher umsetzen.
- Der Hebeleffekt von Kooperationen im Innovationsprozess beruht auf der **Erweiterung der Spannbreite der Ideen- und Lösungsfindung**. „Geschlossene" Innovationsprozesse sind auf den kreativen Input und das Wissen einer relativ kleinen Gruppe von Ingenieuren, Produktmanagern und anderen Mitgliedern des Produktentwicklungsteams beschränkt. Wird nun diese Gruppe um externe Akteure erweitert, können Ideen, Kreativität, Wissen und Lösungsinformation einer deutlich größeren Gruppe von Individuen und Organisationen in den Innovationsprozess einfließen.
- Oftmals werden (intern und extern generierte) Innovationsideen eines Unternehmens in der Phase der Ideenbewertung mit der Begründung verworfen, die Idee decke sich nicht mit den Kernkompetenzen und technischen Fähigkeiten des Unternehmens. Später haben Start-ups die Idee aufgegriffen, erfolgreich kommerzialisiert und ihr Erfahrungskurvenvorsprung ist nur noch schwer einzuholen. In diesem Fall wäre es für das Unternehmen vorteilhaft gewesen, im Rahmen von Open Innovation nach Partnern Ausschau zu halten, welche über die nötigen **komplementären Kompetenzen** verfügen. Die Außenorientierung verhindert, dass ex post erfolgreiche Innovationsideen falsch eingeschätzt werden.

Chesbroughs Auffassung von Open Innovation setzt vor allem an **Kooperationen und Netzwerken** im Innovationsprozess an. Diese beruhen auf klassischen hybriden Koordinationsformen (zum Beispiel Entwicklungskooperation mit Lieferanten) bzw. dem Einkauf der Leistung am Markt (zum Beispiel Beauftragung eines Forschungslabors oder eines Entwicklungsdienstleisters). In diesen Fällen beherrscht ein fokales Unternehmen den Innovationsprozess und initiiert Beiträge externer Akteure, die dafür in der Regel einen monetären Ausgleich bekommen.

Die Etablierung dieser Kooperationen beruht weiterhin auf der **klassischen Vorstellung einer arbeitsteiligen Koordination**: Ein Unternehmen sucht innerhalb eines bekannten Netzwerks nach Partnern und beauftragt diese unter Annahme einer bestimmten Kompetenz, eine Entwicklungsaufgabe zu lösen. Ein solches Vorgehen kann ohne Zweifel den Lösungsraum erweitern und das Problem der lokalen Suche reduzieren. Die Organisationsaufgabe (Koordination und Motivation) des Zugangs zu externer Information wird aber weiterhin klassisch durch hierarchische oder marktliche Koordinationsmechanismen gelöst. Ebenso findet die Rolle von Kunden und Anwendern in der klassischen Argumentation Chesbroughs keinen Platz.

4.3 Open Innovation im Verständnis dieses Buchs

Eine Grundidee unserer Interpretation von Open Innovation ist die **Erweiterung der Akteure in einem Innovationsnetzwerk** um die wichtige Gruppe der **Kunden**. Denn erst wenn Herstellerunternehmen auch ihre Kunden und Nutzer aktiv in die Produktentwicklung mit einbeziehen, kann das wahre Potenzial eines verteilten, offenen Innovationsprozesses genutzt werden.

Doch neben Kunden umfasst **IWS im Innovationsprozess** auch die Integration anderer externer Beitragenden zur Gewinnung von Lösungsinformation. Dabei geht unsere Vorstellung über die Etablierung klassischer Netzwerke und Allianzen im Innovationsprozess hinaus und betont vor allem die **informale Einbindung einer großen Zahl „nicht offensichtlicher" externer Akteure** in Form eines offenen Aufrufes zur Mitwirkung.

Wir verwenden im Folgenden den Begriff Open Innovation als Konkretisierung der Prinzipien der IWS im Innovationsprozess. Open Innovation drückt eine Abkehr von der klassischen Vorstellung des Innovationsprozesses aus, der sich weitgehend innerhalb der Unternehmen abspielte.

Unser Verständnis von Open Innovation verlangt auch eine Erweiterung der klassischen Erfolgsfaktoren von Innovation. Open Innovation verlangt vom Unternehmen wie auch vom externen Partner (Kunde, Nutzer, Wettbewerber) **Interaktionskompetenz**. Aufbauend auf den Prinzipien der IWS bestimmen die **folgenden Faktoren einen erfolgreichen Innovationsprozess im Sinne der IWS:**

- Erschließung des Kunden- und Nutzerwissens als Ressource,
- gemeinsame Generierung von Bedürfnisinformationen und Lösungsinformationen,
- Reduzierung des Innovationsrisikos durch frühzeitige Integration der Kunden bzw. Nutzer,
- Auswahl geeigneter Kunden bzw. Nutzer mit Lead-User-Eigenschaften,
- die Lösung des Koordinations- und Motivationsproblems einer arbeitsteiligen Gestaltung des Innovationsprozesses über die Unternehmensgrenzen hinaus durch Übertragung des Gedankens eines Crowdsourcing bzw. der Commons-based Peer Production auf die Neuproduktentwicklung,
- die Bereitstellung von Kommunikationsplattformen und Werkzeugen, die die Kundenintegration in den Innovationsprozess ermöglichen und für alle Akteure attraktiv werden lassen, sowie
- die Lösung des Problems der Integration der externen Beiträge in den internen Wertschöpfungsprozess durch Aufbau von Interaktionskompetenz im Innovationsprozess.

Wir werden diese Aspekte in den restlichen Abschnitten dieses Teils noch weiter betrachten. Allerdings wird nicht jede Art von Open Innovation alle Prinzipien der IWS, die wir in Kap. 3

diskutiert haben, vollständig verwirklichen. Dort wurde insbesondere mit dem Modell der „Commons-based Peer Production" bzw. des Crowdsourcing der Idealtyp einer neuen Art der Organisation arbeitsteiliger Wertschöpfung beschrieben. Bei den in der betrieblichen Realität heute bereits vorhandenen Beispielen von Open Innovation vollzieht sich dagegen gerade die Integration von Kundenbeiträgen oft noch im Rahmen hierarchischer Arrangements – insbesondere, wenn es sich um materielle Güter handelt, bei denen höhere Ansprüche an die Produktionsausstattung zur Erstellung der Produkte gestellt werden.

Weiterhin ist wichtig zu betonen, dass **Open Innovation vorhandene Praktiken im Innovationsmanagement ergänzt**, sie aber nicht ersetzt. Die Interaktion mit den Kunden im Innovationsprozess erleichtert den Zugang zu Bedürfnis- und Lösungsinformation und kann so Unsicherheiten im Innovationsprozess reduzieren. Es wird aber weiterhin Bereiche geben, in denen die interne Organisation und der interne Vollzug von Innovationsaktivitäten einen Vorteil gegenüber offenen Innovationsprozessen haben. Beispiele hierfür sind Technologien, die unter die Kernkompetenzen des Unternehmens fallen, oder auch Projekte mit hohen Anforderungen an die Geheimhaltung.

Auch will Open Innovation **nicht die interne Entwicklungsabteilung abschaffen** – ganz im Gegenteil. Die Aufgabe der internen Forscher und Entwickler wandelt sich. Ihr Schwerpunkt liegt weniger darin, mit hohem Aufwand kleine technische Probleme zu lösen, sondern besteht vielmehr darin, Anwendungswissen zu schaffen. Sie müssen einen komplexen Innovationsprozess koordinieren und die Beiträge externer Akteure aufnehmen, bewerten und reintegrieren. Vor allem aber müssen sie die richtigen Fragen stellen und Probleme formulieren, die dann mittels „Crowdsourcing" nach außen vergeben werden können. Ebenso ist in Bereichen, in denen Wissen sehr kontextspezifisch ist und auf Lerneffekten beruht, wie im Falle von Verbesserungsinnovationen und Produktmodifikationen, eine interne Abwicklung der Produktentwicklung oft am effizientesten wie effektivsten.

4.4 Eigenschaften und Motivation von Kunden und Nutzern, am Innovationsprozess mitzuwirken

Zwei zentrale Bedingungen, damit Open Innovation funktioniert, sind zum einen das Vorhandensein externer Problemlöser und Inputgeber, zum anderen deren Motivation, auch einen Beitrag zu leisten. Deshalb wollen wir in diesem Abschnitt die Perspektive der Beitragenden zu einem interaktiven Innovationsprozess betrachten. Denn nicht alle Kunden eignen sich gleichermaßen für eine Beteiligung an Open Innovation. Vielmehr konzentriert sich diese Eignung auf eine ausgewählte Gruppe: Nutzer bzw. Kunden mit Lead-User-Eigenschaften. Dieser Abschnitt diskutiert deshalb die beiden folgenden Schlüsselfragen der Interaktionskompetenz aus Kundensicht:

- **Innovationsfähigkeit**: Über welche Eigenschaften, Fähigkeiten und welches Können verfügen Lead User?
- **Innovationsbereitschaft**: Welche Faktoren sind ausschlaggebend, damit sich Lead User an Innovationsvorhaben einer Unternehmung beteiligen (Motivation bzw. erwartete Nutzen aus Kundensicht)?

Ähnliche Fragen stellen sich aber auch in Bezug auf die Auswahl und Gewinnung externer Problemlöser, die vor allem innovative Lösungsinformation beitragen. Auch das werden wir in diesem Abschnitt genauer betrachten. Unsere Argumentation beginnt dabei mit den Eigenschaften und der Motivation von Kunden und Anwendern und erweitert sich dann auf alle externen Beitragenden.

4.4.1 Eigenschaften von Kundeninnovatoren (Lead User)

Wie bereits zu Beginn von Kap. 4 diskutiert, haben Lead User Anforderungen an ein Produkt oder eine Dienstleistung, die bisher noch durch kein existierendes Marktangebot erfüllt werden, jedoch zu einem späteren Zeitpunkt die Bedürfnisse eines relativ großen Marktsegments repräsentieren. Demnach antizipieren Lead User frühzeitig innovative Leistungseigenschaften, die für andere Kunden erst sehr viel später relevant werden. Lead User verfügen somit über spezielle Bedürfnisinformationen, die der Großteil der „Masse" der Kunden heute noch nicht hat.

Der unbefriedigte Bedarf von Lead Usern sorgt für ihre Unzufriedenheit mit dem bisherigen Marktangebot. Deshalb entwickeln Lead User eigenständig Lösungen. Neben Bedürfnisinformationen verfügen Lead User demnach auch Lösungskompetenz. Im engeren Sinne handelt es sich bei Lead Usern somit um (potenzielle) Kunden einer Unternehmung, die als Eigenentwickler selbstständig im Markt auftreten, um ihre individuellen Bedürfnisse zu befriedigen.

Speziell die **eigene Unzufriedenheit mit dem bisherigen Marktangebot** sorgt dabei für die notwendige Motivation unter Lead Usern (Lüthje 2000; Morrison et al. 2004). Diese Motivation ist vor allem dann von zentraler Bedeutung, wenn Lead User ihre innovativen Produkte von Grund auf eigenständig planen, konzipieren und entwickeln, da ein solcher Prozess aus Sicht eines Lead Users mit teilweise hohem Aufwand verbunden ist. Unzufriedenheit entsteht, wenn Abnehmer bei der Nutzung eines Produktes oder einer Dienstleistung eine Diskrepanz zwischen ihren Leistungserwartungen und der Leistungswahrnehmung feststellen.

Deshalb finden sich viele Lead User häufig in besonders anspruchsvollen Anwendungsbedingungen (sie arbeiten unter „extremen Bedingungen"), unter Bedingungen von Ressourcenknappheit oder in Nischen, die für die meisten Anbieter kein lukratives Marktfeld darstellen. Beispiele hierfür sind Forscher in Arktisstationen, Extremsportler oder hochspezialisierte Ärzte in Universitätskliniken. Ebenso findet sich viel Lead-User-Innovation in Entwicklungsländern oder aufstrebenden Nationen. Patienten mit seltenen Krankheiten und deren Angehörige werden schließlich häufig zum Innovieren „gezwungen", da es sonst in ihren Bedürfnisfeldern keinen Fortschritt geben würde.

4.4.2 Free Revealing: freie Preisgabe wertvoller Informationen durch Lead User

Eine interessante Beobachtung der Forschung zu Lead Usern war, dass diese ihr Wissen beispielsweise in Form von fertigen Prototypen oftmals ohne erkennbare monetäre Gegenleistung an andere Kunden, aber auch an Hersteller preisgeben. Auch engagieren sie sich nicht, einen Patentschutz für ihre Entwicklungen zu erlangen. Dieses Phänomen wird von Harhoff et al. (2003) als **Free Revealing** bezeichnet: „[…] granting of access to all interested agents without imposition of any direct payment." Von Hippel (2016) bezeichnet es auch als **„Free Innovation"**.

4.4.2.1 Gründe für Free Revealing
Harhoff, Henkel und von Hippel (2003) nennen mehrere Gründe dafür, warum Kunden ihr Wissen ohne direkte Gegenleistung weitergeben. Diese Gründe geben schon einen ersten Einblick in die vielfältigen Anreize (erwarteter Nutzen), die die Kunden im Rahmen der IWS zur Teilnahme motivieren:

- **Produktnutzung und Verbesserungen:** Kunden können durch die freiwillige Weitergabe profitieren, wenn sie die betreffende Leistung durch die Zusammenarbeit mit einem Unternehmen überhaupt erst oder aber billiger beziehen können als bei der Eigenerstellung. Auch die potenziellen Verbesserungen durch weitere Kunden können für eine Offenlegung ausschlaggebend sein.
- **Netzeffekte und Standards:** Durch die Weitergabe können Kunden die Verbreitung einer Leistung unter den Abnehmern fördern. Aufgrund von (indirekten) Netzeffekten kann das den Wert der Leistung für den Urheber erhöhen, beispielsweise durch die Herausbildung eines zertifizierten Standards oder eines Markts für komplementäre Leistungen.
- **Niedrige Rivalität:** Kunden sind eher geneigt zur Weitergabe, wenn sie nicht in unmittelbarer Konkurrenzbeziehung zu den anderen Abnehmern stehen, beispielsweise aufgrund geographischer Distanz. Das reduziert die Gefahr, dass die Wettbewerber ebenso oder sogar stärker Nutznießer werden können.
- **Reputation:** Durch die Weitergabe können Kunden eher indirekten Nutzen erfahren, zum Beispiel positive Signale auf dem Arbeitsmarkt, eine verbesserte Beziehung zum jeweiligen Herstellerunternehmen, einen vorteilhaften Ruf unter Kunden sowie abgeleitet den Stolz auf die eigene Leistung.

4.4.2.2 Collective Invention: freie Weitergabe von Wissen als Innovationsmodell

Das Modell der „**Collective Invention**" (Allen 1983) hat lange vor Benklers Entwurf der Commons-based Peer Production den Gedanken aufgenommen, dass eine freie Weitergabe von Wissen über Produkte insbesondere dann erfolgt, wenn Verbesserungen des Produktes durch andere zu erwarten sind. Die Erwartung dieser Verbesserungen stellt den wesentlichen Anreiz für die Nutzer zur Mitwirkung an einer IWS im Rahmen der Produktentwicklung dar. Dieses Innovationsmodell geht so von einer **Sequenz von Nutzern** aus, die das Produkt inkrementell verbessern, weitergeben und so neue Verbesserungen anstoßen. Jeder kooperative Beteiligte leistet somit einen Beitrag zu einem **gemeinsamen Wissenspool**, der als öffentliches Gut unter einer marktlichen Institutionalisierung nicht entstehen würde. **Beispiele** für „Collective Invention" reichen vom Wissenschaftsprozess generell über die Stahlindustrie während der frühen Industrialisierung (Allen 1983) bis zur Open-Source-Softwareentwicklung, bei der Entwickler durch die Copyleft-Lizenz sogar zur Weitergabe ihrer Modifikationen verpflichtet sind (von Hippel und von Krogh 2002).

4.4.3 Motivation externer Beitragender

In Abschn. 4.4.1 haben wir Eigenschaften von Lead Usern diskutiert. Doch diese müssen nicht nur fähig, sondern auch **bereit bzw. motiviert** sein, sich in den Innovationsprozess zu integrieren, damit eine Unternehmung das innovative Potenzial der Kunden vollständig nutzen kann. Die folgende Diskussion von Motiven externer Beitragender am Innovationsprozess eines Unternehmens konkretisiert dabei auch das in Abschn. 4.4.2 diskutierte Verhalten der freien Preisgabe der Erkenntnisse und des innovativen Wissens einzelner Akteure.

4.4.3.1 Arten von Motivation von Nutzern zu IWS im Innovationsprozess

Die **Motivation** von Lead Usern erklärt Art, Umfang und Häufigkeit ihrer Beiträge zu Innovationsaktivitäten eines Herstellers. Motivation begründet menschliches Verhalten in seiner Art, Ausdauer und Intensität. Nach von Rosenstiel (1980) entsteht Motivation, wenn in konkreten Situationen durch wahrgenommene Anreize verschiedene Motive aktiviert werden, die in ihrer Struktur und Stärke des Zusammenwirkens zu einem bestimmten Verhalten führen. Motivation entsteht als Wechselwirkung von inneren Bedürfnissen (Motiven) und von äußeren, situativen Faktoren (Anreizen).

Aus übergeordneter Sicht können wir folgende **Klassen von Motiven bzw. Nutzererwartungen** fortschrittlicher Nutzer unterscheiden (siehe Ihl et al. 2006):

- Unzufriedenheit mit bestehenden Lösungen und Erwartung eines besseren Fits zwischen Produkteigenschaften und Kundenbedürfnissen,
- erfolgreiche Absolvierung einer lohnenswerten Aufgabe und Stolz auf das Ergebnis,
- Reduktion von Unsicherheit,
- soziale Bestätigung und externe Anerkennung.

4.4.3.2 Unzufriedenheit mit bestehenden Lösungen

Kunden erhalten einen Nutzen durch ihre Mitwirkung bei den Innovationsaktivitäten eines Herstellers, wenn die hieraus resultierenden innovativen Produkte ihre **latenten Bedürfnisse** besser und präziser erfüllen können als die am Markt vorhandenen Produkte. Dieser Zuwachs entspricht dem Wert einer besser passenden Leistung im Vergleich zur nächstbesten bereits existierenden Lösung und ist eine typische extrinsische Motivation.

Extrinsische Motive sind Motive der Tätigkeit, die durch Folgen der Tätigkeit und ihrer Begleitumstände befriedigt werden. Ein wesentliches extrinsisches Motiv liegt in der Erwartung der Kunden, eine Produkt- oder Dienstleistungsinnovation selbst nutzen zu können (Morrison et al. 2000).

Zahlungsbereitschaft und Zufriedenheit von Kunden hängen vom Fit der Produkteigenschaften mit ihren Präferenzen ab (Chamberlin 1950, 1962; Lancaster 1966). Dies zeigen auch viele empirische Arbeiten: Als eines der Hauptargumente, warum Kunden selbst innovativ tätig werden, wird immer wieder die **Erfüllung eines bislang unbefriedigten Bedürfnisses** genannt.

Dies ist zum Beispiel für die Beteiligung von Nutzern an der Entwicklung von Open-Source-Softwareprodukten sehr gut dokumentiert (Lakhani und Wolf 2005). Viele Open-Source-Projekte werden von Nutzern initiiert, die ein Bedürfnis an eine bestimmte Software haben, das in einer bestimmten Qualität (zum Beispiel in Hinblick auf Sicherheitseigenschaften) oder für einen bestimmten Anwendungsbereich nicht erfüllt wird (Franke und von Hippel 2003; Hars und Ou 2002; Lakhani und Wolf 2005). Gleiches gilt für Nutzerinnovationen im Industriegüterbereich, in dem das dominierende Motiv ein neues Anwendungsbedürfnis eines Nutzers ist, welches die bestehenden Hersteller noch nicht erfüllen (Morrison et al. 2000). Doch auch im Konsumgüterbereich kann Nutzerinnovation oftmals auf ein Bedürfnis zurückgeführt werden, das der Markt noch nicht erfüllt (Franke und Shah 2003; Lüthje 2004; Lüthje et al. 2005).

Wie in Kap. 3 dargestellt, verhindert das „Sticky-Information"-Phänomen oft, dass ein Hersteller selbst neue Bedürfnisse erkennt und in ein passendes Produkt überführt. Hat ein Hersteller die Vermutung, dass seine Innovationen auf ein großes Marktsegment zielen, wird er in der Regel größere Anstrengungen und Kosten in Kauf nehmen, um Zugang zu relevanter Bedürfnisinformation zu erlangen. Bei relativ kleinen Nutzerzahlen dagegen scheuen Hersteller diesen Aufwand oft und versuchen, derartige Nischen auch weiterhin mit einem existierenden Standardprodukt zu bedienen, anstatt für sie ein genau passendes Produkt zu entwickeln.

In solch einer Situation existieren so genannte **„effiziente Nischen für Kundeninnovation"** („low-cost user innovation niches", von Hippel 2005, S. 75). Hier haben potenzielle Nutzer große Anreize, selbst innovativ tätig zu werden. Dieser Effekt ist umso größer, je heterogener sich die Wünsche der Kunden in Bezug auf die Produkteigenschaften verteilen, das heißt je schwieriger es für einen Hersteller ist, durch wenige Standardvarianten eines Produktes alle gewünschten Eigenschaftsbündel des angestrebten Marktsegments abzubilden.

Ein typisches Beispiel sind Hilfsmittel für **Patienten mit seltenen Krankheiten**: Da diese keinen interessanten Markt darstellen, werden sie oft durch die Industrie ignoriert und so zu einer typischen Domäne, in der viel autonome Nutzerinnovation zu beobachten ist. Im Sinne unseres Verständnisses von Open Innovation bieten diese Nischen aber auch gute Anknüpfungspunkte für eine herstellergetriebene IWS im Innovationsbereich, da die potenziellen Beitragenden (Nutzer) eine hohe Motivation aufweisen.

4.4.3.3 Erfolgreiche Absolvierung einer lohnenswerten Aufgabe und Stolz auf das Ergebnis

Die bisherige Argumentation bezog sich weitgehend auf den funktionalen Nutzen eines Produktes. Doch Kundenintegration kann auch die Wahrnehmung der hedonistischen Qualität eines Produktes beeinflussen. So schreiben Nutzerinnovatoren einem selbst entwickelten Produkt einen höheren **emotionalen Wert** zu oder erfahren **soziale Anerkennung** (Schreier 2006; Tepper et al. 2001). Gleichermaßen kann auch der eigentliche **Prozess der innovativen Lösungsfindung** als positiv wahrgenommen werden. Dieser Bereich adressiert so genannte **intrinsische Motive**, die durch die Tätigkeit selbst befriedigt werden.

Offe und Heinze (1990) zeigen, dass das Streben nach einer **positiven Prozesswahrnehmung** ein wesentlicher Treiber von Konsumenten ist, handwerklichen Tätigkeiten selbst nachzugehen (do it yourself). Hobbyisten geben neben dem Wert der selbst erstellten Lösung zur Bedürfnisbefriedigung immer auch die „Erlebnisqualität des Arbeitsvollzugs" als wesentliche Motivation für die Eigenarbeit an.

Zu ähnlichen Ergebnissen kommt auch die Forschung über die Motivation von **Open-Source-Programmierern** (Franck und Jungwirth 2003; Lakhani und Wolf 2005). Die Mitwirkung an einer Open-Source-Entwicklungsaufgabe kann als kreativer Problemlösungsvorgang angesehen werden, der anregend und befriedigend auf die Beteiligten wirkt. Anwender beurteilen eine Innovationsaufgabe positiv, wenn sie das Gefühl von Spaß, Exploration und Kreativität vermittelt.

Damit sie die Beteiligung an Innovationsaktivitäten aber wertschätzen, ist es wichtig, dass sie einerseits der Aufgabe gewachsen sind und andererseits die Aufgabe auch als Herausforderung betrachten. Erhalten sie unmittelbare Rückkopplung über ihre Leistung, entsteht bei den innovativen Nutzern ein Gefühl der Selbstbestimmung, Kontrolle und Kompetenz (Ihl et al. 2006; Dellaert und Stremersch 2005; Franke und Piller 2004; Schreier 2005).

In Bezug auf das Ergebnis könnte ferner ein **„Pride-of-Authorship"-Effekt** beobachtbar sein, das heißt die Zufriedenheit mit dem Ergebnis als Resultat eines eigenen Problemlösungsprozesses (Schreier 2005). Diese positive Wahrnehmung könnte wiederum den wahrgenommenen Nutzen der Interaktion mit einem Hersteller steigen lassen. Auch dieser Effekt hängt stark von den Eigenschaften der Beitragenden ab. Sie müssen adäquate Fähigkeiten besitzen, um die kreative Aufgabe zu bewältigen. Fehlen diese Eigenschaften, kann die Zufriedenheit aufgrund einer mangelhaften Prozesswahrnehmung sogar negativ beeinflusst werden.

4.4.3.4 Reduktion von Unsicherheit

Open Innovation kann weiterhin Unsicherheit bei den Kunden vermindern und ein Gefühl von Kontrolle vermitteln. So erlangen die Nutzer einen weitaus besseren **Einblick in die Funktionsweise und Komponenten** einer Lösung und gelangen deshalb zu einer realistischeren Einschätzung des Leistungspotenzials und der Grenzen eines Produktes (Anpassung der **Erwartungskomponente**). Dies gilt sowohl für autonom durch die Kunden initiierte Lösungsprozesse, die oft erst zu Anerkennung für die Komplexität einer Lösung durch den Hersteller führen, als auch für herstellerinitiierte Prozesse, bei denen zum Beispiel ein Innovation-Toolkit als Instrument dient, Kunden an die Bestandteile und Zusammenhänge einer Leistung heranzuführen. Ebenso erlaubt das im Rahmen des Innovationsprozesses bei den Nutzern gebildete Produktwissen, Erfüllungsprozesse des Herstellers besser zu überwachen und zu beobachten (Nambisan 2002). Im Ergebnis sollte die wahrgenommene Sicherheit der Nutzer in Bezug auf Produkt und Anbieterverhalten zunehmen.

4.4.3.5 Soziale Bestätigung und externe Anerkennung

Schließlich kann Open Innovation auch Nutzen durch **soziale Bestätigung** hervorrufen. Gerade in einem Umfeld, in dem das Engagement bestimmter Kunden in Innovationsaktivitäten für andere Marktteilnehmer sichtbar ist, tritt eine Reihe sozial-psychologischer Motive hinzu. Das soziale „Moment" solcher Communities kann unter Umständen die Innovationsbereitschaft steigern, indem die Akteure sich gegenseitig bei Innovationsaufgaben unterstützen oder diese gemeinsam ausführen (Piller et al. 2005).

Beitragende erwarten durch ihr Engagement in Interaktion mit anderen unter Umständen **Anerkennung oder entsprechende Gegenleistungen** für geleistete Hilfestellung (Butler et al. 2002). Interaktion zwischen den Akteuren entsteht oft aus Vertrauen und der moralischen Verpflichtung heraus, einander zu helfen, teilweise auch ohne unmittelbar eine Gegenleistung zu erwarten (Haas und Deseran 1981). Idealerweise passen die Ziele und Werte der Gemeinschaft in das eigene Wertesystem der Beitragenden und sind mit den Zielen des Herstellers vereinbar.

Erfahren innovative Kunden durch ihre Mitwirkung am Innovationsprozess eine **positive soziale Rückkopplung**, kann ihre Zufriedenheit mit dem Gesamtprozess steigen. Insgesamt aber zeigen aktuelle Studien, dass soziale Motive zwar ein wichtiger Antriebsfaktor sind, sich an einem Innovationsprozess zu beteiligen, als alleiniges Motiv jedoch nicht ausreichen, ihre Beteiligung und eine Steigerung der Zufriedenheit zu erklären. Soziale Faktoren können im Zusammenhang mit unserer Argumentation vor allem als moderierender Faktor gesehen werden, der andere Zufriedenheitstreiber verstärkt.

4.4.3.6 Extrinsisch-monetäre Anreize

Soziale Motive können auch als extrinsische Motivation gesehen werden. Dies gilt vor allem, wenn die Motivation nicht nur reine Anerkennung und Bestätigung durch andere Nutzer ist, sondern vielmehr die Hoffnung, dass die Anerkennung der eigenen Innovationstätigkeit auch **monetäre Gegenleistungen** erzeugt. Hierzu zählen beispielsweise Preisgelder, Rabatte oder Bonuspunkte. Ferner können Beitragende längerfristig auf Karriereperspektiven in dem jeweiligen Unternehmen abzielen, indem sie durch ihre Teilnahme an Innovationsaktivitäten Zusatzkompetenzen erwerben oder sie die Unternehmen durch außerordentliches Engagement auf sich aufmerksam machen (Lerner und Tirole 2002; Raymond 1999).

4.4.4 Kosten aus Sicht der Beitragenden

Dem erwarteten Nutzen steht der Aufwand gegenüber, um am Innovationsprozess eines Herstellers mitzuwirken. Aus ökonomischer Sicht entstehen bei IWS Transaktionskosten für beide Parteien. Im Folgenden sollen **Transaktionskosten des Interaktionsprozesses aus Sicht der externen Beitragenden (Kunden)** behandelt werden. Dabei wird der Begriff Kosten unter verhaltensrelevanten Aspekten verwendet. Zeiteinsatz und der Aufwand für die Beteiligung am Innovationsprozess werden von den Akteuren als (nicht monetäre) Kosten wahrgenommen.

Interaktionskosten. Das Anliegen insbesondere von Kunden, **Zeit und Aufwand** zu minimieren, ist seit Langem bekannt (Anderson 1972). Wir honorieren einen Zeitgewinn oft durch erhöhte Zahlungsbereitschaft oder entscheiden uns in bestimmten Situationen gegen eine Kaufhandlung, wenn der zu investierende kognitive Aufwand zu groß erscheint (Simon 1976). Beiträge zum Innovationsprozess sind umso attraktiver, je geringer Zeiteinsatz und Aufwand für den Kunden als wahrgenommene Kosten ausfallen. Dementsprechend müssen Unternehmen nicht nur Kaufprozesse, sondern auch einen interaktiven Innovationsprozess bequem und einfach gestalten oder den Komplexitätsgrad der Aufgabe an den jeweiligen Kunden anpassen.

Sind die **Interaktionskosten** aus Kundensicht zu hoch, entscheiden sich Kunden gegen eine Beteiligung am Innovationsvorhaben. Dies gilt gleichermaßen für externe Beitragende bei einem Aufruf nach Lösungsinformation. Auch hier müssen die Interaktionsprozesse derart gestaltet werden, dass die Teilnahme bzw. Übermittlung eines Lösungsvorschlags nicht durch hohen wahrgenommenen Aufwand verhindert wird.

Psychologische Kosten. Neben Interaktionskosten können auch **psychologische Kosten** als Folge einer emotionalen **Abwägung von Unsicherheiten** entstehen (Baker et al. 2002). Die Unsicherheit, ob das eigene Engagement im Innovationsprozess auch zum Ergebnis und damit zum erwarteten Nutzen der Kunden führt, bildet ein Beispiel für die Verursachung psychologischer Kosten. Psychologische Kosten haben ihren Ursprung im wahrgenommenen **Risiko**, das als Verlusterwartung des Kunden definiert werden kann (Stone und Gronhaug 1993): die Befürchtung nicht gezahlter Aufwandsentschädigungen durch das Unternehmen (finanzielles Risiko), keinen Innovationsbeitrag leisten zu können (Leistungsrisiko), bei Produkttests verletzt zu werden (physisches Risiko), sich zu blamieren (soziales Risiko), Zeit zu verschwenden (Zeitrisiko) sowie schließlich das Risiko psychologischer Unannehmlichkeiten wie Stress. Die kognitiven Kosten, die aus dem wahrgenommenen Risiko des Scheiterns resultieren, beeinflussen ebenso wie die Interaktionskosten die Entscheidung über die Teilnahme am Innovationsprozess.

4.5 Die Unternehmensperspektive: Wettbewerbsvorteile durch Open Innovation

Ein Herstellerunternehmen kann durch Open Innovation eine Vielzahl an Erfolgskennziffern des Innovationsprozesses verbessern:

- **Time to Market**: Verkürzung des Zeitraums von Beginn der Entwicklung eines Produktes bis zu dessen Markteinführung.
- **Cost to Market**: Reduktion der im Rahmen eines Innovationsprozesses von Beginn der Planung eines Produktes bis zu dessen Markteinführung tatsächlich angefallenen und dem Produkt zurechenbaren Kosten.
- **Fit to Market**: Steigerung der Marktakzeptanz eines neuen Produktes im Sinne einer positiven Kaufeinstellung der Nachfrager (und damit Schaffung einer höheren Zahlungsbereitschaft).
- **New to Market**: Steigerung des durch die Nachfrager wahrgenommenen Neuigkeitsgrads einer Innovation und damit der Attraktivität des entsprechenden Produktes.

Die beiden ersten Vorteile sprechen dabei die Effizienz im Entwicklungsprozess an und basieren vor allem auf dem besseren Zugang zu innovativer Lösungsinformation aus anderen Bereichen. Fit and New to Market dagegen basieren auf einem besseren Zugang zu Bedürfnisinformation und adressieren so die Effektivität im Innovationsprozess.

4.5.1 Reduzierung der Time to Market

Time to Market beschreibt den Zeitraum von Beginn der Entwicklung eines Produktes bis zu dessen Markteinführung. Die Reduzierung von Time to Market gewinnt durch sich stetig verkürzende Produktlebenszyklen an entscheidender Bedeutung. Unternehmen, die ihre Produkte vor der Konkurrenz im Markt einführen können, haben die Möglichkeit, rasch einen hohen Marktanteil und somit Markteintrittsbarrieren aufzubauen. Sie nutzen Erfahrungskurven- und Skaleneffekte sowie die erhöhte Zahlungsbereitschaft ihrer Kunden in den frühen Phasen des Produktlebenszyklus. Des Weiteren fördert ein früher Markteintritt das Image eines Innovationsführers.

Die **Reduktion von Entwicklungszeiten** durch Open Innovation basiert auf den Prinzipien und Vorteilen der Arbeitsteilung. Dabei werden diejenigen Innovationsaktivitäten von Kunden getragen, die **implizites (lokales) Kundenwissen** benötigen. Denn wird die

Suche nach einem geeigneten Lösungs-Design auf die Kunden übertragen, so kann eine zeitraubende Kunden-Hersteller-Iteration vermieden werden. Besonders die Nutzung von Innovation-Communities und der Einsatz von Toolkits for User Innovation basieren auf diesem Prinzip. Dabei können die unterschiedlichsten Innovationsaufgaben an Anwender ausgelagert werden: von der Generierung neuer Innovationsideen über erste Lösungskonzepte bis hin zur Entwicklung voll funktionsfähiger Prototypen.

Ebenso haben externe Beitragende Probleme oft schon gelöst, bevor ein Hersteller sie überhaupt als Problem definiert. Überträgt man also vorhandenes Wissen und vorhandene Technologien zu einem Hersteller, muss dieser sie nicht mehr zeitaufwändig neu erfinden.

4.5.2 Reduzierung der Cost to Market

Cost to Market bezeichnet die im Rahmen eines Innovationsprozesses von Beginn der Planung eines Produktes bis zu dessen Markteinführung angefallenen Kosten. Insbesondere hinsichtlich zunehmend globaler Märkte kommt dem Kostenfaktor der Produktentwicklung eine kritische Bedeutung zu. Ceteris paribus steigert eine Senkung der Kosten für Forschung und Entwicklung eines Produktes dessen Rentabilität und sichert das langfristige Wachstum einer Unternehmung. Forschungs- und Entwicklungskosten sinken, wenn die Akteure Innovationsaktivitäten tragen, die über eine reine Ideengenerierung hinausgehen und Investitionen in entsprechende Ressourcen erfordern (zum Beispiel Eigenentwicklung eines ersten Prototyps). Wie wir gesehen haben, beruht die Effizienz von Open Innovation aus einer übergeordneten Sicht dabei auch auf der Tatsache, dass oft Lösungen gefunden werden, die in einer anderen Domäne bereits bekannt waren. Damit können Verbundeffekte verwirklicht werden, indem eine technologische Lösung einer weiteren Verwendung zugeführt wird.

In der Phase der **Markteinführung** kommt ausgewählten Kunden eines Unternehmens noch eine weitere Bedeutung zur Senkung der Cost to Market zu, wenn diese im Markt als Meinungsführer auftreten. Meinungsführer üben innerhalb ihres sozialen Netzwerkes einen starken Einfluss auf andere aus und sind in der Lage, als Multiplikator im Markt zu agieren und so die Bekanntmachung des Produktes ohne finanzielle Motive zu forcieren.

4.5.3 Steigerung des Fit to Market

Fit to Market beschreibt die **Marktakzeptanz** eines neuen Produktes im Sinne einer positiven Kaufeinstellung der Nachfrager: Die Anforderungen eines Nachfragers decken sich mit den Leistungsmerkmalen des Produktes (zum Beispiel Technologie, Qualität, Performance, Preis). Dies setzt voraus, dass Informationen über Bedürfnisse potenzieller Kunden (Bedürfnisinformationen) optimal mit Informationen hinsichtlich der Lösung und Umsetzung dieser Bedürfnisse in ein entsprechendes Leistungsangebot (Lösungsinformationen) verknüpft werden. Aus Sicht eines Herstellers verbessern sich die Chancen eines hohen

Fit to Market, wenn die **Qualität an Bedürfnisinformationen** und/oder die Qualität an Lösungsinformationen zunimmt. Beides kann durch Open Innovation realisiert werden.

Fokussieren traditionelle Marktforschungsmethoden auf Feedback von repräsentativen Durchschnittskunden, zielt Open Innovation auf die aktive Integration von Nutzern mit Lead-User-Eigenschaften. Diese verfügen über Bedürfnisse, die zeitlich nachgelagert für ein relativ großes Marktsegment an Bedeutung gewinnen. Informationen über Bedürfnisse von Lead Usern verbessern so die Qualität an Bedürfnisinformationen im Innovationsprozess eines Unternehmens. Deshalb kann der Hersteller die resultierende Innovation oft erfolgreich im Gesamtmarkt platzieren.

So berichten Lilien et al. (2002), dass die Lead-User-Methodik bei der Firma **3M** Produkte hervorgebracht hat, die sowohl radikaler auf neue Kundenbedürfnisse eingehen als auch finanziell deutlich erfolgreicher sind im Gegensatz zu Produkten, die das Resultat eines klassischen Entwicklungsprozesses aus Marktforschung und interner Entwicklung sind. Die deutlich höheren Umsätze der Lead-User-Produkte im Verhältnis zu vergleichbaren, aber konventionell entwickelten Produkten lassen sich durch ihre höhere Marktattraktivität erklären, die auch mit einer höheren Kundenzufriedenheit durch einen besseren Fit zwischen Produkteigenschaften und Nutzerbedürfnis einhergehen sollte.

4.5.4 Erhöhung des New to Market (Innovationsgrad)

New to Market beschreibt den durch die Nachfrager wahrgenommenen **Neuigkeitsgrad einer Innovation**. Der traditionelle Innovationsprozess bringt regelmäßig inkrementelle Innovationen hervor. Solche Innovationen basieren auf vorhandenem Wissen, orientieren sich an bestehenden Problemlösungen und zeichnen sich aus Sicht des Nachfragers durch einen geringen Neuigkeitsgrad aus. Häufig handelt es sich um Weiterentwicklungen eines bestehenden Produktes oder um Modellpflegen (Christensen 2000). Die Ursache für dieses Verhalten haben wir bereits beschrieben: Da Hersteller in der Regel eher Lösungsinformation in ihrer Domäne haben, setzen sie vor allem dieses Verfahrens- und Produktionswissen für den Innovationsprozess ein (Ogawa 1998; Riggs und von Hippel 1994; Szulanski 2003).

Nutzerinnovationen dagegen sind in der Regel eher funktional neue Innovationen, da sie eben an einem unbefriedigten Bedürfnis der Nutzer ansetzen. Die Nutzung von Bedürfnis- und Lösungsinformationen ausgewählter Kunden unterstützt Unternehmen bei der Entwicklung von Innovationen, die über inkrementelle Verbesserungen weit hinausgehen (Riggs und von Hippel 1994). So sind ganze neue Märkte, zum Beispiel im Bereich der Sportindustrie, erst durch Open Innovation entstanden. Kite-Surfing wurde beispielsweise von Surfern initiiert, die – getrieben von dem Wunsch nach immer höheren und weiteren Sprüngen – mit der Kombination eines Surfboards und eines Segels vom Drachenfliegen experimentierten. Auch die Wurzeln des Snowboards, Skateboards und Surfboards gehen auf die Bedürfnisse und Lösungen von Nutzern zurück und nicht auf Innovationslabors von Unternehmen (von Hippel 2005).

4.5.5 Kosten aus Sicht des Herstellers

Neben den in den vorangegangenen Abschnitten beschriebenen Vorteilen von Open Innovation entstehen für den Hersteller **zusätzliche Kosten**, die sich im Wesentlichen mit Aktivitäten zum Aufbau von **Interaktionskompetenz** konkretisieren lassen. Einer prozessorientierten Perspektive folgend können wir in Kosten der Durchsetzung, Umsetzung und der Kontrolle von Open Innovation unterscheiden.

Kosten der Durchsetzung sind Kosten der innerbetrieblichen Organisation. Es handelt sich um finanzielle und zeitliche Aufwendungen, um Open Innovation als Innovationsstrategie innerhalb der Organisation zu verankern. Da Open Innovation eine substanzielle Abweichung von herkömmlichen Innovationsprozessen darstellt, entstehen im Wesentlichen Kosten der innerbetrieblichen Kommunikation der Prinzipien von Open Innovation. Diese Kosten sind tendenziell umso höher, je ausgeprägter ein Hersteller die Ablauforganisation bisher auf einen geschlossenen Innovationsprozess hin ausrichtete. Zu den Kosten der Durchsetzung von Open Innovation zählen somit Kosten der Information sowie Kommunikationskosten zur Überwindung innerbetrieblicher Widerstände, insbesondere des Not-Invented-Here-Syndroms.

Kosten der Umsetzung sind Kosten der Integration externer Beitragender in den Innovationsprozess. Einem Hersteller entstehen zunächst Kosten zum Aufbau geeigneter Infrastruktur, um Kundenwissen zu absorbieren. Hierbei kann es sich beispielsweise um Kosten für den Aufbau, die Pflege und Wartung von Online-Plattformen handeln, über welche der Hersteller mit seinen Kunden in Kontakt tritt. Einen weiteren Kostenblock bilden Kosten der Identifikation potenzieller Beitragender.

Kosten der Bewertung und Kontrolle sind Kosten der Evaluation des Inputs. So ist die Bewertung von Kundenbeiträgen regelmäßig mit hohem zeitlichem Aufwand verbunden. An dieser Stelle fehlen in Wissenschaft und Praxis noch Methoden, wie die herkömmlichen Bewertungsansätze im Innovationsprozess skalierbar gemacht werden. Hat ein interner Prozess der Suche nach Ideen in der Vergangenheit vielleicht wenige Hundert Ideen hervorgebracht, so sind dies bei erfolgreichen Innovationswettbewerben in der ersten Phase des Innovationsprozesses heute leicht Tausende. Hier versagen die klassischen Scoring-Modelle der Bewertung, da ihre Durchführung viel zu aufwändig ist. Skalierbare Instrumente der Ideenbewertung aber fehlen noch. Hier besteht großer Forschungsbedarf – oder aber man bindet die Kunden auch in diese Phase ein!

Kosten der Kontrolle entstehen auch, um **missbräuchliches Verhalten bestimmter Kunden** zu verhindern bzw. frühzeitig zu erkennen. So ist es denkbar, dass Individuen die Hersteller-Kunden-Aktion durch gehäufte unqualifizierte Beiträge (im Sinne von Spam) bewusst zu stören versuchen. Kosten der Kontrolle umfassen demnach die Summe an Kosten, welche beim Aufbau geeigneter Prüfroutinen des Kundeninputs entstehen.

Konkrete Controlling-Ansätze, mit denen Unternehmen die Vorteile und Kosten von Open Innovation erfassen, bewerten und steuern können, existieren nur wenige. An dieser Stelle ergeben sich viele Aufgaben und Möglichkeiten für zukünftige Forschung und Beratung.

4.6 Instrumente von Open Innovation

Die vorangehenden Abschnitte dieses Kapitels haben argumentiert, dass es sich lohnt, konventionelle Innovationsprozesse zu öffnen und durch die Prinzipien von Open Innovation zu ergänzen. Dazu wollen wir in diesem Abschnitt eine Reihe von Instrumenten vorstellen, die Open Innovation konkret umsetzen. Wir argumentieren dabei aus der **Perspektive eines Herstellers**, der aktiv einen Open-Innovation-Prozess anstoßen und gestalten will.

Die vier Instrumente von Open Innovation, die wir im Folgenden vorstellen, setzen sowohl an der Gewinnung von Bedürfnis- als auch von Lösungsinformation an. Manche von ihnen zielen vor allem darauf ab, **innovative Anwender** aktiv und zielgerichtet in den Innovationsprozess mit einzubeziehen und gemeinsam mit ihnen eine neue Problemlösung zu schaffen. Andere setzen eher am **Transfer einer Lösung externer Experten** als Folge eines offenen Aufrufs zur Mitwirkung an.

- Die **Lead-User-Methode** besteht aus der Identifikation innovativer Anwender und deren Einbindung in Form von Innovationsworkshops. Auch wenn in der Literatur meist der Zugriff auf Bedürfnisinformation im Vordergrund steht, so hat sich in der Praxis die Lead-User-Methode vor allem bewährt, um Zugriff auf eine innovative (technische) Lösung für ein bekanntes Problem zu bekommen.
- **Toolkits für Open Innovation** sind ein internetgestütztes Instrument, das Nutzern dabei helfen soll, selbst ihre Bedürfnisse in neue Produktkonzeptionen zu übertragen. Hierbei geht es um die Überwindung des Problems von Sticky Information beim Zugriff auf Bedürfnisinformation.
- **Innovationswettbewerbe** zielen entweder auf die Generierung von Input für die frühen Phasen des Innovationsprozesses und fördern so innovative Ideen durch einen Wettbewerb zwischen verschiedenen Nutzern. Oder sie setzen in einer späteren Phase des Innovationsprozesses an und suchen in einem breiten Feld von Problemlösern nach innovativen Ansätzen für ein technisches Problem.
- **Communities für Open Innovation** tragen der Tatsache Rechnung, dass Innovation meist das Ergebnis eines kollaborativen Zusammenarbeitens mehrerer Akteure ist, und zielen auf die Bewertung, aber auch Generierung neuer Ideen (Bedürfnisinformation), aber auch von Lösungswissen in einer virtuellen Gemeinschaft.

4.6.1 Die Lead-User-Methode

Die Lead-User-Methode ist eine qualitative, prozessorientierte Vorgehensweise und zielt auf die aktive Einbindung ausgewählter Anwender, um mit diesen Ideen und Konzepte für neue Produkt- oder Prozessinnovationen zu generieren. Auch wenn diese Methode bereits vor langer Zeit beschrieben wurde (Urban und von Hippel 1988; von Hippel 1986), so herrscht unseres Erachtens dennoch Verwirrung, was genau unter der Lead-User-Methode zu verstehen ist. Wir wollen deshalb zwei Ausprägungen unterscheiden, wie Unternehmen die Existenz von Lead Usern nutzen können:

- Die Suche nach **existierenden Lead-User-Innovationen** in der Domäne der Anwender und deren Übertragung ins Unternehmen.
- Die **Suche nach Personen mit Lead-User-Eigenschaften** und deren Integration in einen Innovationsworkshop, um ein vorhandenes technisches Problem zu lösen.

4.6.1.1 Suche nach existierenden Lead-User-Innovationen

Als erste Strategie können Hersteller nach **existierenden Lead-User-Innovationen** in ihrer Branche suchen. Dies entspricht der **üblichen Beschreibung von Lead Usern** in der Literatur. Die Annahme ist, dass diese Anwender aufgrund eines ungestillten Bedürfnisses auf der einen und dem Versprechen großen Nutzens nach Lösung des Problems auf der anderen Seite selbst innovativ tätig werden und eine neue Anwendung schaffen. Diese muss dann vom Hersteller in die eigene Domäne transferiert werden. Im Mittelpunkt steht dabei der Zugriff auf **Bedürfnisinformation**. Die Nutzer innovieren autonom und weitgehend ohne Kooperation mit dem Hersteller, der „lediglich" die fertige Innovation erkennt, transferiert und in ein marktfähiges Produkt auch für andere Kunden überführt.

In der Sportartikelindustrie finden sich viele Beispiele für solch ein Vorgehen. Viele Sportartikelhersteller beobachten systematisch extreme Kunden und ihr Equipment am Rande großer Wettbewerbe, um so Anhaltspunkte für Entwicklungen in der Nutzerdomäne zu erhalten (siehe Baldwin et al. 2006 für eine gute Dokumentation dieser Entwicklung bei der Extremsportart Rodeo-Kayaking). Dieses Vorgehen fällt im engeren Sinne **nicht unter unsere Definition einer IWS**, da ja hier **keine intensive Interaktion und Zusammenarbeit** während des Wertschöpfungsprozesses anfällt.

Eine wichtige Rolle bei dieser Interpretation des Lead-User-Ansatzes kommt den **Vertriebsmitarbeitern** zu, die motiviert werden müssen, nach innovativen Anwendungen ihrer Kunden Ausschau zu halten. Alternativ kann auch durch eine eigene Abteilung im Unternehmen nach diesen innovativen Kunden gezielt gesucht werden. Jedoch lässt sich festhalten, dass diese Interpretation des Lead-User-Ansatzes letztendlich auf das Verhalten von Lead Usern angewiesen ist, eine innovative Lösung im Vorfeld geschaffen zu haben. Deshalb ist diese Art von Lead-User-Innovation aus Herstellersicht häufig unsystematisch und zufallsbestimmt.

4.6.1.2 Suche nach Personen mit Lead-User-Eigenschaften

Die zweite Interpretation der Lead-User-Methode setzt auf einen **weit aktiveren Teil des Unternehmens** und basiert auf einer interaktiven Entwicklung der neuen Lösung zwischen internen und externen Akteuren (Herstatt und von Hippel 1992; Lettl et al. 2008; Lüthje und Herstatt 2004). Grundidee ist hier die Erkenntnis, dass es Personen mit Lead-User-Eigenschaften gibt, die aber vielleicht noch nicht im konkreten Anwendungsfall des Unternehmens tätig geworden sind. Können aber mittels geeigneter Methoden diese Personen identifiziert und für eine Mitwirkung gewonnen werden, könnten sie **zusammen mit den eigenen Entwicklern eine gegebene Aufgabenstellung innovativ** lösen.

Im Mittelpunkt steht hier der Zugriff auf Lösungsinformation und die Erweiterung des Suchfeldes nach innovativen Alternativen. Charakteristisches Kennzeichen dieser Vorgehensweise sind so genannte **Lead-User-Workshops**, in denen das kreative Potenzial der Lead User durch Nutzung gruppendynamischer Effekte zu Tage gefördert werden soll.

Wichtig ist aber dabei eine weitere Konkretisierung: Die mit dieser Methode gefundenen Lead User sind oft keine Anwender oder Nutzer in der Domäne des Herstellers, sondern kommen aus anderen, sogenannten **analogen Industrien**. Sie haben das gleiche Grundproblem, aber in einem höheren Extrem oder unter Bedingungen, die dessen Lösung schon in der Vergangenheit dringlicher erscheinen lassen. Da sie keine Nutzer oder Anwender (oder gar Kunden) aus Sicht des fokalen Herstellers sind, werden sie auch als **„Lead Experts"** bezeichnet.

In der Praxis hat sich ein vierstufiges Verfahren etabliert:

Phase 1: Projektinitiierung. Ein Unternehmen definiert in dieser Phase ein **internes Team**, welches die Durchführung der Methode verantwortet. Wie für viele Aufgaben des Innovationsmanagements gefordert, sollte sich dieses Team **interfunktional** aus erfahrenen Mitarbeitern der Bereiche Forschung und Entwicklung, Fertigung sowie Marketing zusammensetzen. Bei der Auswahl der Teammitglieder ist insbesondere deren zeitliche Restriktion zu beachten. Fallstudien berichten von einem Arbeitsaufwand von ca. 20 Wochenstunden pro Teammitglied – bei einer Projektlaufzeit von vier bis sechs Monaten. Ebenso sind die Aufgabenstellung und das **Suchfeld** zu definieren.

Phase 2: Trendanalyse. Das Innovationsvorhaben wird nun einer **Trendanalyse** unterzogen, die dann in der nächsten Phase den Ausgangspunkt für die Identifikation potenzieller Lead User darstellt. Typischerweise erfolgt eine erste Trenddefinition durch Nutzung von Branchen- und Technologiereports, Veröffentlichungen externer Forschungseinrichtungen sowie Methoden der Interpolation und der historischen Analogie. Zudem können unternehmensinterne Experten im Bereich der Forschung und Entwicklung oder des Vertriebs erste Anhaltspunkte für sich abzeichnende Trends liefern. Phase 1 und 2 bilden den Anfangspunkt vieler Maßnahmen des Innovationsmanagements. Sie sind aber vor allem im Zusammenhang mit der Lead-User-Methode sehr wichtig – und deshalb durch das gleiche Team auszuführen, das auch für die folgenden Schritte verantwortlich ist – damit die Beiträge und Ideen der Lead User in einem der Situation des Unternehmens angemessenen Kontext interpretiert werden können.

Phase 3: Identifikation von Lead Usern und Lead Experts. Es gilt nun, **innovative Nutzer und Experten** zu identifizieren, welche die festgelegten Trends anführen, um diese in der nächsten Phase im Rahmen eines Workshops in den Innovationsprozess zu integrieren. Ein solches Vorgehen setzt jedoch voraus, dass das Unternehmen die zukünftige Grundgesamtheit potenzieller Anwender des Innovationsvorhabens kennt. Tendenziell ist dies ceteris paribus umso unwahrscheinlicher, je höher der Neuheitsgrad einer Innovation (und vice versa).

Ferner sind Lead User in **analogen Märkten** einzubeziehen. Gerade Lead User aus einem solchen Markt können für einen interaktiven Wertschöpfungsprozess in der Innovation entscheidend beitragen, da sie eine Kombination des Wissens aus verschiedenen Domänen erlauben und somit oft den Problemlösungsraum erweitern (ein Beispiel wäre die Nutzung von militärischen Experten in der Auswertung von Satellitenbildern als Lead User zur Definition einer innovativen Lösung zur automatischen Auswertung von Röntgenbildern).

Methodisch stehen einem Unternehmen eine Reihe von Möglichkeiten zur Verfügung, innovative Nutzer zu identifizieren. Die am häufigsten diskutierten Verfahren sind die Suchtechniken „Pyramiding" und „Screening" (Franke et al. 2006). Der Einsatz beider Verfahren setzt voraus, dass die Eigenschaften innovativer Nutzer in ein dem Innovationsvorhaben angepasstes Set an Fragen bzw. Suchcharakteristika überführt werden.

- **„Pyramiding"** heißt, erste identifizierte Experten (in Phase 2) anzusprechen und sich so zu potenziellen Lead Usern „durchzufragen". Dies ist besonders dann geeignet, wenn die zukünftige Grundgesamtheit potenzieller innovativer Kunden schwer abgrenzbar ist (technische und radikale Innovationen), innerhalb des Suchfeldes ein starkes soziales Netzwerk unter den Befragten existiert.
- **„Screening"** heißt, eine größere Zahl an Nutzern anhand eines Fragebogens zu bewerten. Dies ist dann möglich, wenn sich die Grundgesamtheit potenzieller Kunden gut abgrenzen lässt.

Phase 4: Konzept-Design in Lead-User-Workshops. Die identifizierten innovativen Anwender und Experten werden nun durch den Hersteller zu einem **Innovations-Workshop** eingeladen, in welchem für das definierte Vorhaben gemeinsam Innovationsideen und -konzepte entwickelt werden. Alle vorangehenden Schritte sind im Grunde nur Mittel zum Zweck, einen solchen Workshop erfolgreich durchführen zu können. Die Qualität der hier generierten Ergebnisse bestimmt den **Erfolg des Lead-User-Projektes**.

Die **Teilnehmer des Workshops** setzen sich in der Regel aus ca. zehn bis fünfzehn Anwendern, dem internen Lead-User-Team und einem erfahrenen Moderator zusammen. Die zeitliche Dauer beträgt zwischen einem halben und zwei Tagen (abhängig von der Komplexität des Problems). Ein Workshop ist neben dem fachlichen auch stets durch den sozialen Austausch zwischen den Teilnehmern geprägt. Ein Moderator sollte hier eventuelle Spannungen abbauen und die in der Regel gewollte Heterogenität der Teilnehmer nutzen, um einen zielführenden Problemlösungsprozess anzustoßen.

Der Workshop beginnt in der Regel mit einem **Briefing** durch das interne Team, einer Vorstellung des grundsätzlichen Produktbereiches und einer Definition des Problems und der zu lösenden Aufgabenstellung. Hierbei ist es wichtig, genaue Vorstellungen zu formulieren, was das Ergebnis des Workshops sein soll. Anschließend werden die Teilnehmer durch den gezielten Einsatz ausgewählter **Kreativitätstechniken** angeregt, in mehreren Runden eigene Ideen zur Lösung des Problems zu generieren.

Die so entwickelten Ideen und Problemlösungsvorschläge werden, wenn möglich, noch während des Workshops durch Experten aus der Firma gespiegelt und umgesetzt, um auch die Teilnehmer in die Evaluierung einzubinden. Die Ergebnisse des Workshops werden im Anschluss durch das Unternehmen dokumentiert und bewertet. Als Bewertungskriterien eignen sich beispielsweise das Marktpotenzial, der Innovationsgrad sowie der Fit einer Idee mit dem Leistungsprogramm und den Ressourcen des Unternehmens. Positiv bewertete Ideen werden dann in weiteren Innovations-Workshops weiterentwickelt oder in den internen Innovationsprozess eingespeist.

4.6.2 Toolkits für Open Innovation

Ziel des Einsatzes von Toolkits für Open Innovation (auch: Toolkits for User Innovation and Co-Design; siehe von Hippel 2001; von Hippel und Katz 2002; Franke und Piller 2003) ist in erster Linie der Zugriff auf **Bedürfnisinformation**. Auch verfolgen sie nicht die Integration weniger ausgewählter Anwender, sondern die Interaktion mit einer großen Zahl an Kunden in verschiedenen Phasen des Innovationsprozesses.

Es gibt verschiedene Arten von Toolkits, die jedoch alle dem gleichen grundlegenden Gedankengang folgen (siehe auch Abb. 4.2):

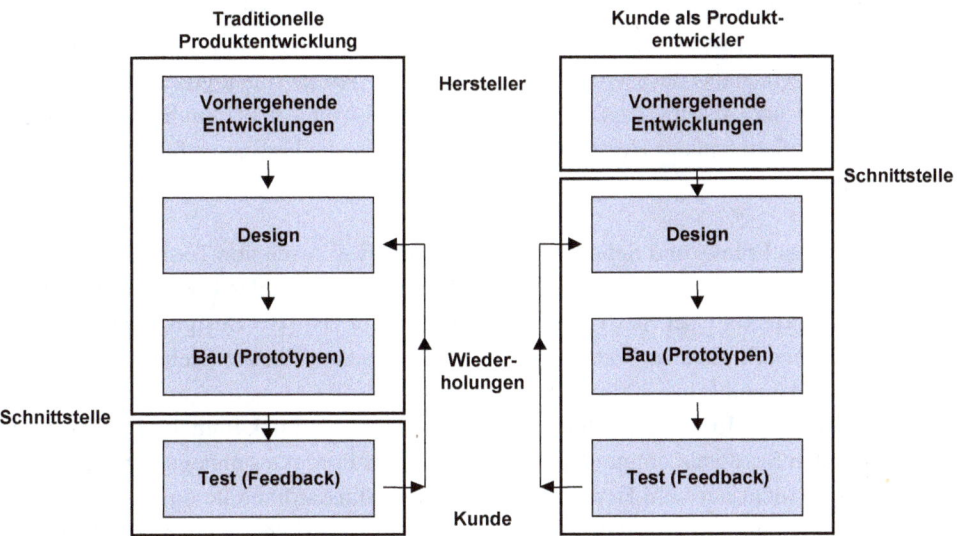

Abb. 4.2 Ablauf des iterativen Problemlösungsprozesses im klassischen Innovationsprozess und bei Einbezug der Nutzer mittels Open-Innovation-Toolkits (Quelle: in Anlehnung an Thomke und von Hippel (2002))

- Wie bereits gesehen, nähert sich klassischerweise ein Hersteller im Entwicklungsprozess durch Variation, Kombination und Evaluation von Lösungsmöglichkeiten für ein Innovationsproblem unter iterativer Spiegelung dieser potenziellen Lösungen den Bedürfnissen der (potenziellen) Nutzer der endgültigen Lösung an. Ein solcher **Trial-and-Error-Prozess** ist sehr aufwändig, da eine stetige Iteration und Kommunikation zwischen der Nutzer- und Herstellerdomäne nötig ist. Der Austausch zwischen beiden Parteien ist dabei aufgrund der „Stickiness" (Ortsgebundenheit) von Bedürfnis- und Lösungsinformation oft durch hohe Transaktionskosten geprägt und langwierig (von Hippel 1998).
- Toolkits für Open Innovation basieren dagegen auf der Idee, diesen Trial-and-Error-Prozess an die Nutzer zu übergeben. Ein **Toolkit beschreibt eine Entwicklungsumgebung**, welche Kunden befähigt, ihre Bedürfnisse iterativ in eine konkrete Lösung zu überführen, häufig ohne dabei mit dem Hersteller in persönlichen Kontakt zu treten. Dazu stellt der Hersteller eine Interaktionsplattform bereit, auf der die Nutzer selbst – unter Nutzung eines vorhandenen und im Toolkit abgebildeten Lösungsraums – ihre Bedürfnisse konkretisieren und in eine fertige Lösung überführen können.
- Dabei ermöglichen Toolkits ihren Nutzern durch ein Feedback und die Simulation einer möglichen Lösung, diese selbst hinsichtlich der Ausprägung relevanter Attribute (zum Beispiel Design, Performance, Preis) zu beurteilen. Dadurch wird ein **Lernprozess** bei den Nutzern angestoßen, der auch als experimentelles Vorgehen gesehen werden kann (Thomke 2003). Die Nutzer werden so lange mit dem Lösungsraum des Toolkits experimentieren, bis sie sich einer optimalen Problemlösung angenähert haben.
- Dem Hersteller kommt so nicht mehr die Aufgabe zu, Bedürfnisse der Nutzer exakt zu verstehen und selbst in eine mögliche Lösung zu übersetzen und diese dann zu evaluieren. Vielmehr muss der Hersteller „nur" die vom Nutzer selbst geschaffene Lösung produzieren und distribuieren. Da die Nutzer die Lösung aber durch Nutzung einer Interaktionsplattform des Herstellers erstellt haben, ist die Fertigungsfähigkeit oft recht einfach.

In Anlehnung an Franke und Schreier (2002) können zwei Arten von Toolkits unterschieden werden, die sich vor allem durch die Größe bzw. Offenheit des Lösungsraums differenzieren: Toolkits for User Innovation sowie Toolkits for User Co-Design. Sie kommen in unterschiedlichen Phasen des Wertschöpfungsprozesses zum Einsatz (siehe auch Dockenfuß 2003; Franke und Piller 2003, 2004).

Toolkits for User Innovation ähneln im Prinzip einem Chemiekasten. Ihr Lösungsraum ist zumindest in Bezug auf einige Design-Parameter des Produktes unbegrenzt. Nutzer des Toolkits fügen nicht nur vom Hersteller vorgegebene Standardmodule und Komponenten zu einem für sie optimalen Produkt zusammen, sondern experimentieren in einem aufwändigen Trial-and-Error-Prozess an bisher unbekannten Lösungen für ihre Bedürfnisse. Bei den notwendigen Lösungsinformationen, welche der Hersteller in seinem Toolkit bereitstellt, handelt es sich beispielsweise um Programmiersprachen oder Zeichenprogramme.

4.6 Instrumente von Open Innovation

Diese verlangen von ihren Nutzern ein hohes Maß an Kreativität und technischem Verständnis und sind deshalb nur für ausgewählte Nutzergruppen (Lead User) geeignet.

Solche Toolkits ermöglichen es ihren Nutzern, sich aktiv an einem Innovationsprozess des Herstellers zu beteiligen. Dabei können Nutzer mit Hilfe des Toolkits entweder Ideen für neue Innovationen entwickeln oder innovative Leistungseigenschaften generieren. Der Unterschied zu einer rein autonomen Entwicklungstätigkeit der Nutzer (das heißt ohne ein Toolkit des Herstellers) liegt in zwei wesentlichen Faktoren:

- Der Hersteller stellt sein vorhandenes Lösungswissen den Kunden in Form des Toolkits zur Verfügung.
- Des Weiteren bedingt der Einsatz von Toolkits for User Innovation, dass Nutzer besser ein (simuliertes) Feedback auf ihre Entwicklungen erhalten können und damit schneller und einfacher verstehen und konkretisieren können, welche Entwicklung ihren Bedürfnissen entsprechen würde.

Toolkits for User Co-Design dienen weniger der Neuentwicklung von Produkten und Leistungen als vielmehr ihrer Individualisierung und Anpassung an spezifische Kundenwünsche. Ihr Prinzip ist mit dem eines Lego-Baukastens zu vergleichen. Toolkits for User Co-Design bieten ihren Nutzern eine mehr oder weniger große Auswahl an Einzelbausteinen (Modulen, Komponenten, Parametern), welche diese zu einem ihren individuellen Anforderungen entsprechenden Gesamtprodukt zusammenstellen. Damit handelt es sich bei ihrer Nutzung um eine Konfiguration: Der Lösungsraum des Toolkits ist somit begrenzt und erlaubt nur solche Kombinationen an „Bausteinen", die im wirtschaftlichen und technischen Machbarkeitsbereich des Herstellers liegen.

Während aus Sicht des Herstellers durch den Einsatz von Toolkits for Co-Design keine Innovationen, sondern lediglich individuell konfigurierte Produkte entstehen, können diese von den Nutzern durchaus als Innovation wahrgenommen werden. Wir werden das noch ausführlich in Zusammenhang mit der **Produktindividualisierung (Mass Customization)** in Kap. 5 behandeln.

4.6.3 Innovationswettbewerbe und Plattformen für „Broadcast Search"

In einem **Innovationswettbewerb** ruft ein Unternehmen seine Kunden und Nutzer sowie eine weitere Öffentlichkeit entweder ganz allgemein zur Preisgabe innovativer Ideen und Verbesserungsvorschläge auf oder aber fragt ganz konkret nach einer Lösung für eine bestimmte Innovationsaufgabe. Ziel ist es, sowohl die Bandbreite (Scope) der Problemlösung als auch die Skalierbarkeit (Scale) der Mitwirkung zu steigern. Innovationswettbewerbe können sich mit einem sehr breiten Aufruf zu Beiträgen an alle (potenziellen) Kunden des Unternehmens richten oder aber mit einer sehr dedizierten Fragestellung an eine kleinere Gruppe an Spezialisten.

Innovationswettbewerbe verkörpern so das **Prinzip eines offenen Aufrufs zur Mitwirkung**, das wir in Kap. 3 vorgestellt haben, nahezu in Reinform. Ziel ist es, eben genau den Input von den Akteuren zu erhalten, die vorher dem Unternehmen nicht bekannt waren. Dabei können wir zwei Arten von Wettbewerben unterscheiden:

- **Ideenwettbewerbe** in den frühen Phasen des Innovationsprozesses zielen darauf ab, Ideen und Konzepte zu gewinnen und damit letztendlich Bedürfnisinformation abzuleiten.
- **Technische Wettbewerbe** versuchen, Lösungen oder Technologien für eine definierte technische Aufgabenstellung zu erhalten. Sie sind eher in den späten Phasen des Innovationsprozesses angesiedelt und fokussieren sich vor allem auf die Gewinnung von Lösungsinformation.

4.6.3.1 Ideenwettbewerbe

Ein Ideenwettbewerb ist die Aufforderung eines privaten oder öffentlichen Veranstalters an die Allgemeinheit oder eine spezielle Zielgruppe, themenbezogene Beiträge innerhalb eines bestimmten Zeitraums einzureichen, die von einem Beurteilungsgremium anhand von Beurteilungsdimensionen bewertet und leistungsorientiert prämiert werden. Das **Ziel eines Ideenwettbewerbs** als Ansatz von Open Innovation ist, Kunden bzw. Nutzer in die verschiedenen frühen Phasen des Innovationsprozesses (Ideengenerierung) zu integrieren. Der Wettbewerbscharakter soll die Kreativität und Qualität der Beiträge der Teilnehmer anregen und diesen auch einen zusätzlichen Anreiz zur Teilnahme vermitteln. Das Einsatzspektrum eines Ideenwettbewerbs ist sehr breit (Piller und Walcher 2006) und reicht von einem kontinuierlichen Einsatz als offene Plattform zu konzentrierten Aktionen, die sich auf die Lösung spezifischer Problemstellungen beziehen.

Grundsätzlich werden Ideenwettbewerbe **themenbezogen** ausgeschrieben, können sich aber dennoch in ihrer Tiefe und Breite stark unterscheiden. So können sich Ideenwettbewerbe vom breiten Abgreifen von Bedürfnisinformation bis hin zum dedizierten Sammeln von Verfahrensinnovationen zu einem bestimmten technischen Problem erstrecken. Aus der Spezifität der Thematik, die in den unterschiedlichen Anwendungsbereichen erheblich variieren kann, ergibt sich die Zielgruppe des Ideenwettbewerbs, da oftmals besondere Eigenschaften oder Kompetenzen Voraussetzung zur Teilnahme sind.

Ideenwettbewerbe können auch **unternehmensintern** stattfinden. Viele Unternehmen haben heute ein Intranet-Portal, wo die Mitarbeiter Ideen und Verbesserungsvorschläge einstellen können. Meist sind diese Aktionen aber sehr breit und nicht konsequent in den Innovationsprozess integriert. Ein Ideenwettbewerb in unserem Verständnis sollte aber nicht einfach eine Art virtueller Briefkasten für Input jeder Art sein, sondern einen spezifischen Input für ein konkretes Innovationsprojekt abgreifen und in Form einer Kampagne ablaufen.

Um die Interaktion zwischen dem Veranstalter und den Mitwirkenden sowie auch innerhalb der Gruppe der Mitwirkenden zu unterstützen, werden Ideenwettbewerbe heute meist **internetbasiert eingesetzt**. Dedizierte **Plattformen** unterstützen weniger einen eigenen Problemlösungsprozess beim Kunden, sondern zielen vielmehr auf die einfache

Übertragung vorhandener Ideen und Lösungen aus der Nutzerdomäne (Piller und Walcher 2006). Sie bieten innovativen Nutzern einen „offenen Kanal" zum Unternehmen. Manche dieser Plattformen haben den Charakter einfacher virtueller „schwarzer Bretter", auf denen die Nutzer lediglich ihre Beiträge notieren können. Andere erlauben einen **höheren Interaktionsgrad durch die Bereitstellung weiterer Funktionen**, die beispielsweise Folgendes umfassen:

- Die Möglichkeit für Nutzer, die Ideen anderer Nutzer aufzugreifen und weiterzuentwickeln.
- Die Möglichkeit für Nutzer, andere Ideen zu bewerten und zu kommentieren.
- Die Bereitstellung von Anregungen, Kreativitätstechniken oder Hintergrundinformationen, um die Ideenfindung der Nutzer anzuregen und zielgerichtet auf das Problem zu lenken.
- Die Bereitstellung von Toolkit-Funktionalität, das heißt von Lösungswerkzeugen wie beispielsweise Zeichenprogrammen oder Modulbibliotheken, mit denen die Nutzer ihre Anregungen zielgerichtet umsetzen können.
- Die Weitergabe und Vernetzung der eingestellten Ideen mit internen Systemen des Unternehmens.

So beliebt Ideenwettbewerbe in der Praxis sind, so unsystematisch und oftmals willkürlich erweisen sich die Besetzung des **Beurteilungsgremiums** sowie die Verwendung geeigneter Beurteilungsdimensionen. Ziel ist es, ein sowohl skalierbares wie auch „faires" Verfahren zu implementieren, das die Identifikation der besten Ideen fördert.

Grundsätzlich besteht die Motivation zur Teilnahme an einem Ideenwettbewerb in einer **leistungsorientierten Prämierung**. Die Prämien können nicht nur aus Sachpreisen, sondern auch aus Geldbeträgen bestehen, oder auch nur aus sozialer Anerkennung und öffentlicher Auszeichnung.

4.6.3.2 Technische Wettbewerbe (Broadcast Search)

Wie beim Ideenwettbewerb basiert auch die Methode „Broadcast Search" auf einem offenen Aufruf. Im Unterschied zu den Ideenwettbewerben steht hier allerdings der **Zugang zu Lösungsinformation** im Mittelpunkt. Beitragende sind in der Regel auch keine Kunden oder Nutzer, sondern **Experten** aus verschiedenen Bereichen. Ziel ist es, bestehende technische Lösungen oder externe Experten mit gutem Vorwissen für eine genau **abgegrenzte technische Problemstellung** im Rahmen einer Entwicklungsaufgabe zu finden. Auch dazu wird die Problemstellung, meist über **Einbezug eines Intermediärs**, breit und offen ausgeschrieben (Lakhani et al. 2007).

Durch einen branchenübergreifenden und internationalen Aufruf zur Abgabe von Lösungen können in der Regel Lösungsanbieter, die dem Unternehmen vorher nicht bekannt sind, identifiziert werden, was zu einer Erweiterung der Spannbreite von Lösungsalternativen aufgrund der unterschiedlichen Wissenshintergründe der Beitragenden führt. Denn die Entwicklungsaufgabe wird nicht an einen vermeintlich geeigneten Aufgabenträger delegiert (im Unternehmen oder mittels klassischer Auftragsforschung), sondern potenzielle Problemlöser selektieren sich entsprechend ihrer Präferenzen und Fähigkeiten selbst.

Dies kann zu erheblichen Steigerungen der Qualität der Lösungen führen, da oft auf bereits vorhandenes, aber dem Unternehmen nicht bekanntes Wissen zurückgegriffen werden kann. Die Abwicklung des Wissenstransfers erfolgt anhand klassischer Instrumente wie F&E-Aufträgen, Beschaffungsaktivitäten oder dem Erwerb bzw. der Lizensierung technischer Schutzrechte.

Der Erfolg dieser Methode ist erstens abhängig von der **Formulierung der Problemstellung** in einem hinreichenden Abstrahierungsgrad: Auf der einen Seite sollen keine vertraulichen Informationen preisgegeben werden, auf der anderen aber externen Problemlösern genügend Information zur Mitwirkung gegeben werden. Zweitens ist der Erfolg abhängig von der Wahl eines geeigneten **Intermediärs**, der im Problemfeld der Lösung ein geeignetes Netzwerk an potenziellen Beitragenden zur Verfügung stellt.

4.6.4 Communities für Open Innovation

Die bislang vorgestellten Instrumente von Open Innovation setzten an der Integration einzelner Nutzer in die Produktentwicklung an, die dann in Interaktion mit dem Unternehmen innovative Produkte und Leistungen hervorbringen sollten. Jedoch zeigt sich in der Praxis des Innovationsmanagements, dass viele Innovation nicht das Ergebnis der kreativen Schaffenskraft eines einzelnen Inventors sind, sondern vielmehr auf der **Zusammenarbeit vieler Beteiligter** beruhen – genau hier setzen ja auch die **Prinzipien der IWS** in ihrer Reinform einer „Commons-based Peer Production" an. Eine Zusammenarbeit basiert nicht nur auf den Vorteilen einer Arbeitsteilung zur Steigerung der Effizienz bei komplexen Innovationsprojekten, sondern ist vor allem motiviert durch einen selbst verstärkenden Effekt des Zusammenwirkens verschiedener Akteure mit unterschiedlichem Wissen, Stärken und Erfahrungen (Sawhney und Prandelli 2000).

4.6.4.1 Definition virtueller Gemeinschaften

Eine virtuelle Gemeinschaft besteht aus einer Gruppe von Personen, die über elektronische Medien kommuniziert und/oder interagiert. Auf diese Weise entsteht ein „nicht radikal strukturiertes, ego-zentriertes Netzwerk im virtuellen Raum, in dem die Nutzer multidirektional und themenspezifisch interagieren und so die Basis einer glaubwürdigen Kommunikation schaffen" (Weiber und Meyer 2002). Diese virtuellen Innovationsgemeinschaften können zu sämtlichen Phasen des Innovationsprozesses beitragen. Dabei lassen sich zwei Vorgehensweisen unterscheiden:

- **Beobachtung existierender Gemeinschaften:** Zum einen besteht die Möglichkeit, existierende virtuelle Gemeinschaften zu beobachten und Postings der einzelnen Mitglieder auf Ideen für den Innovationsprozess auszuwerten (Netnography).

- **Etablierung virtueller Innovationsgemeinschaften**: Zum anderen können Unternehmen selbst eine virtuelle Gemeinschaft etablieren, die explizit darauf fokussiert ist, Innovationen hervorzubringen. Die Idee ist hier, Innovationsaufgaben an diese virtuelle Gemeinschaft zu richten, deren Mitglieder dann gemeinsam an Lösungen für diese Aufgabe arbeiten.

4.6.4.2 Netnography: Beobachtung virtueller Gemeinschaften

Bei der Beobachtung virtueller Gemeinschaften werden die Beiträge einzelner Mitglieder der Gemeinschaft auf innovationsrelevante Inhalte untersucht (Henkel und Sander 2003; Sawhney und Prandelli 2000). Besonders geeignet sind hierfür verbraucher- und unternehmensorientierte **virtuelle Produktgemeinschaften (Communities)**, bei denen sich die Themen um Produkte oder Marken konstituieren. Dabei kann es sich um Produkte oder Produktgruppen eines einzelnen Herstellers handeln, aber auch um das Produktangebot einer Branche. Manche dieser Communities sind herstellerorganisiert, andere von Intermediären, andere von den Nutzern selbst.

Innerhalb einer solchen Gemeinschaft tauschen die Teilnehmer ihre Erfahrungen mit dem Produkt aus, kommunizieren ihre Zufriedenheit bzw. Unzufriedenheit mit dem Produkt oder leisten sich untereinander Hilfestellungen, wenn es darum geht, den Nutzen des Produktes vollständig zu erschließen oder Reparaturen durchzuführen. Unternehmen können sich eine solche virtuelle Produktgemeinschaft zunutze machen, indem sie die Beiträge der Teilnehmer nach innovationsrelevanten Informationen durchsuchen.

Die Beiträge in einzelnen Communities sind oft sehr umfangreich und enthalten eine Fülle interessanter Informationen für einen Hersteller. Dabei handelt es sich zum einen um Beschwerden und Unzufriedenheitsäußerungen zu bestimmten Produktfeatures, zum anderen aber auch um Lob und ein besonderes Hervorheben einzelner Features. Bereits diese Informationen sind wichtige Anhaltspunkte für die Neuproduktentwicklung.

Manche Beträge beinhalten aber nicht nur wahrgenommene Fehlfunktionen eines Produktes, sondern auch genaue Vorschläge zu deren Behebung, Lösungsvorschläge zur Steigerung der Performance, Ideen für weitere Produktattribute oder technologische Verbesserungsmöglichkeiten. Vorschläge können jedoch auch auf grundlegend neue Innovationsideen abzielen – von einer Idee bis hin zu ersten Prototypen aus der Eigenentwicklung eines Gemeinschaftsmitglieds.

Als konkrete Methode hat sich hier **Netnography** etabliert (Kozinets 2002). Die Methode basiert auf der Idee, dass Nutzer ihre Bedürfnisse in der (relativen) Anonymität des Internets offener äußern als im Kontext klassischer Marktforschungsmaßnahmen. Zudem hat sich gezeigt, dass es insbesondere Nutzer mit Lead-User-Eigenschaften sind, die sich in Online-Communities mit innovativen Beiträgen beteiligen. Damit sind die Beiträge oft auch von höherer Originalität als bei der Befragung „repräsentativer" Kunden durch die Marktforschung. Eine ethnographische Untersuchung von Online-Communities bietet alltagsnahe Einblicke in das Nutzungsverhalten von Kunden („Consumer Insights") und liefert Input für die frühen Phasen des Innovationsprozesses.

Kernaktivitäten der Durchführung einer Netnography umfassen dabei die Identifikation und Auswahl geeigneter Online-Communities, die Beobachtung dieser Communities und die Speicherung des Kunden- bzw. Nutzerdialoges. Im nächsten Schritt werden die gewonnenen Daten inhaltsanalytisch ausgewertet. Hierzu können heute auch computergestützte, halbautomatische Verfahren zum Einsatz kommen, die eine Skalierbarkeit der Auswertungen erlauben. Auf Basis der gefilterten Beobachtungen werden in einem letzten Schritt schließlich konkrete Produktkonzepte abgeleitet.

4.6.4.3 Etablierung virtueller Innovationsgemeinschaften

Bei den zuvor betrachteten virtuellen Produktgemeinschaften entstehen innovationsrelevante Beiträge als „Nebenprodukt". Die Gemeinschaft ist nicht originär darauf ausgerichtet, Innovationen zu generieren. Anders verhält es sich bei **virtuellen Innovationsgemeinschaften**. In diesen verfolgen die Mitglieder das Ziel, gemeinsam innovative Problemlösungen zu erarbeiten. Diese sind häufig auch vom Hersteller initiiert und werden von diesem betreut (Bartl et al. 2004; Füller et al. 2004). Wichtigste Aufgabe ist in diesem Zusammenhang die Etablierung einer geeigneten virtuellen Gemeinschaft. Denn im Gegensatz zur reinen Beobachtung von Produkt-Communities zielt der Hersteller hier auf eine intensive Interaktion zwischen und mit den Mitgliedern der Gemeinschaft. Betreibt ein Unternehmen bereits eine aktive virtuelle Gemeinschaft (zum Beispiel Produktgemeinschaft, Kundenclub), bietet diese meist eine geeignete Ausgangsbasis für eine Innovationsgemeinschaft. Im anderen Fall entstehen hohe Kosten für den Aufbau, die Pflege und den Betrieb der Community, vor allem jedoch für die Akquise von Gemeinschaftsmitgliedern. Auch sind viele Initiativen von Herstellern fehlgeschlagen, selbst virtuelle Gemeinschaften um ihr Produkt zu etablieren.

5 IWS in Produktion und Vertrieb: Mass Customization

Kapitel 4 behandelte IWS im Innovations- und Entwicklungsprozess. In diesem Kapitel soll es dagegen um interaktive Wertschöpfungsmodelle gehen, die im **Produktions- und Absatzbereich**, also in den operativen Prozessen eines Unternehmens, angesiedelt sind. Wir fokussieren uns hierbei auf die Strategie der **Mass Customization** (Pine 1993; Piller 1998, 2006), die auf eine **Individualisierung von Produkten und Leistungen** für einzelne Kunden abzielt, dies aber im Gegensatz zu einer klassischen Einzelfertigung (oder handwerklichen Produktion) auf einem Kostenniveau, das ähnlich der Effizienz einer Massenproduktion ist. Im Gegensatz zur Produktion massenhafter, standardisierter Güter kann eine individuelle Leistung nur dann erstellt werden, wenn der Hersteller mit Kunden und Nutzern vor der Leistungserstellung interagiert, um deren Wünsche und Spezifikationen für das individuelle Produkt zu erfragen. Damit kommt es auch hier zu einer Integration der Kunden in einen gemeinsamen Wertschöpfungsprozess mit den Anbietern.

Wir werden in diesem Kapitel zunächst allgemein die Prinzipien und Eigenschaften von Mass Customization betrachten. Im Mittelpunkt stehen dabei die Kosten- und Werttreiber, die Mass Customization prägen. Diese Diskussion soll dazu beitragen, die Auswirkungen einer IWS auf die operative Prozesse eines Unternehmens zu diskutieren. Der letzte Abschnitt dieses Kapitels (Abschn. 5.5) betrachtet dann konkrete Prinzipien der Interaktion zwischen Kunden und Herstellern bei Mass Customization.

5.1 Produktindividualisierung und Mass Customization

In der Regel richten sich die Präferenzen eines Nachfragers nicht auf ein Produkt als solches, sondern auf (Kombinationen von) Eigenschaften, die in dem nachgefragten Gut verkörpert sind. Diese Präferenzstruktur kann in einem **Idealpunktmodell** abgebildet werden, das davon ausgeht, dass jeder Käufer in seiner Vorstellung eine Kombination von Produkteigenschaften (bzw. Ausprägungen dieser) bildet, die sein „optimales

Produkt" kennzeichnet (P* in Abb. 5.1). Diese Kombination bezeichnet den so genannten Idealpunkt, von dessen Distanz zu der tatsächlichen Eigenschaftskombination die Präferenz eines Käufers für ein bestimmtes Produkt abhängt (Homburg und Weber 1996): Je geringer die Distanz, desto höher wird ein Produkt bewertet bzw. desto eher wird es gekauft (und wieder gekauft, denn in der Praxis erkennt ein Konsument oft erst während des Gebrauchs eines Produktes dessen „Lage vom Idealpunkt". In Abb. 5.1 entspricht so der Nutzenverlust aus Kundensicht, nicht genau das gewünschte Produkt zu erhalten, der Distanz zwischen P* und den jeweiligen Produktvarianten 1 bis 4).

Bei einer **Massenfertigung** wird während des Entwicklungsprozesses versucht, mittels Marktforschung die Präferenzen aller potenzieller Kunden des angestrebten Marktsegments zu antizipieren und zu einem gemeinsamen Mittelwert zu vereinen, der möglichst nahe an der Wunschvorstellung möglichst vieler Nachfrager liegt. Oft werden dabei im Sinne einer Variantenfertigung mehrere Produktvarianten gebildet, die Clustern von „Idealpunkten" (das heißt Teilsegmenten von Kunden) im gesamten Eigenschaftsraum entsprechen.

Individuelle Leistungserstellung heißt dagegen, die Wünsche der Nachfrager exakt zu erfüllen (den jeweiligen „Idealpunkt" zu produzieren) und so gewissermaßen „persönliche" Präferenzen für Produkte zu schaffen. Das heißt: Die Produkteigenschaften, welche die Präferenz der Abnehmer bestimmen, werden so angepasst, dass sie dem **Idealpunkt** (Präferenzstruktur) jedes einzelnen Abnehmers genau entsprechen. Als Resultat wird aus Abnehmersicht die Unsicherheit über die „Passgenauigkeit" der gekauften Güter verringert (Du und Tseng 1999).

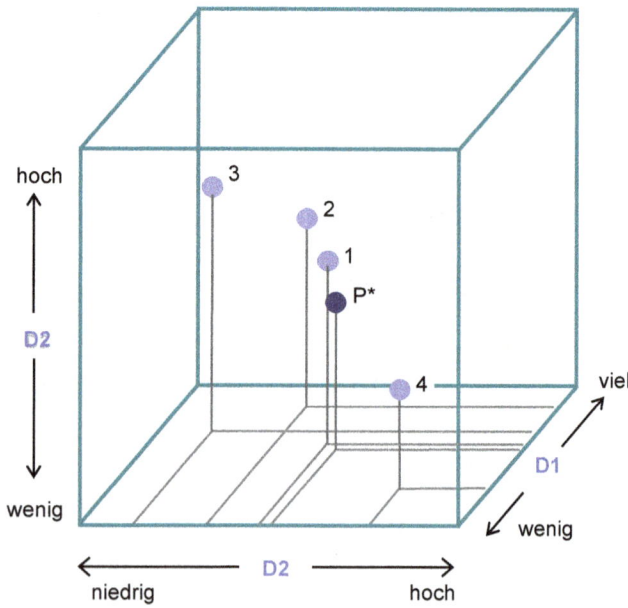

Abb. 5.1 Idealpunktmodell mit drei kaufentscheidenden Dimensionen (D1–3): ideales Produkt aus Kundensicht (P*) im Vergleich zu vier am Markt erhältlichen Varianten (1–4) (Quelle: in Anlehnung an Piller 1998; Homburg und Weber 1996)

Eine Individualisierung materieller Produkte entspricht in der Regel einer **Einzelfertigung** (auch: Fertigung „on demand" oder „make to order"). Während ein Angebot vorgefertigter Varianten den Nachfragern lediglich die Auswahl der Variante ermöglicht, die ihren Bedürfnissen am nächsten kommt, wird bei einer Einzelfertigung die Produktion erst gestartet, wenn der Kundenauftrag vorliegt.

5.1.1 Mass Customization

Der Ausdruck **Mass Customization** ist ein Oxymoron, das die an sich gegensätzlichen Begriffe „Mass Production" und „Customization" verbindet (als deutsche Übersetzung hat sich „kundenindividuelle Massenproduktion" durchgesetzt). Der Begriff wurde von Davis (1987) geprägt, der ausgehend von einem Beispiel aus der Bekleidungsindustrie das Phänomen zum ersten Mal beschrieben hat:

> Mass Customization of markets means that the same large number of customers can be reached as in mass markets of the industrial economy, and simultaneously they can be treated individually as in the customized markets of pre-industrial economies. (Davis 1987, S. 169)

Im Rahmen der IWS verstehen wir unter Mass Customization (kundenindividuelle Massenproduktion) die Produktion von Gütern und Leistungen für einen (relativ) großen Absatzmarkt, welche die unterschiedlichen Bedürfnisse jedes einzelnen Nachfragers dieser Produkte treffen. Die Produkte und Leistungen werden dabei in einem Co-Design-Prozess gemeinsam mit den Kunden in einem Interaktionsprozess definiert. Die Produkte werden dabei zu Preisen angeboten, die der Zahlungsbereitschaft von Käufern vergleichbarer massenhafter Standardprodukte entsprechen, das heißt die Individualisierung impliziert keinen Wechsel des Marktsegments in exklusive Nischen, wie dies bei einer klassischen Einzelfertigung der Fall ist. Das wesentliche Abgrenzungsmerkmal von Mass Customization gegenüber anderen Formen der Produktindividualisierung ist deshalb die Forderung nach einem stabilen Lösungsraum, der die Grundlage der geforderten Kosteneffizienz ist.

5.1.2 Kundenintegration

Das zentrale Element der Definition von Mass Customization ist der **Einbezug der Kunden in die Wertschöpfung** im Rahmen eines Co-Design-Vorgangs. Hierbei wird der vorhandene Lösungsraum kundenspezifisch konkretisiert. Aus einer Auswahl an Optionen wählen die Kunden in (oft virtueller) Interaktion mit dem Hersteller die Eigenschaften, die ihren Vorstellungen an eine Leistung am ehesten entsprechen. In Abgrenzung zur Kundenintegration in den Innovationsprozess werden aber nicht grundlegende Eigenschaften eines Produktes neu entwickelt, sondern aus vorgedachten Optionen ausgewählt. Der Begriff **Co-Design** bezeichnet in der Mass-Customization-Literatur diese Interaktion zwischen

Kunde und Hersteller zur Konkretisierung einer Leistung (Franke und Piller 2003, 2004; Ulrich et al. 2003; Wikström 1996).

Diese Interaktionsbeziehung etabliert auch eine **Beziehung zwischen Hersteller und Kunde**, welche viele Möglichkeiten für die Gestaltung der Nachkaufphase bietet. Haben Kunden erst einmal erfolgreich ein individuelles Gut erhalten und sind sie mit dieser Leistung zufrieden, bilden die Informationen, die sie im Rahmen des Co-Design-Vorgangs an den Hersteller übermittelt haben, eine starke **Barriere** gegen einen Wechsel des Anbieters (Pine et al. 1995). Denn ein neuer Anbieter müsste diese Informationen ja erst wieder sammeln. Bei einem Wiederholungskauf der individuellen Leistung beim ersten Anbieter dagegen kann der Interaktionsvorgang sehr schnell oder vollkommen automatisiert ablaufen, indem die Konfiguration des Erstkaufs auf den Folgekauf übertragen wird.

5.1.3 Differenzierungsvorteil (Produktindividualisierung)

Der Differenzierungsvorteil entsteht durch Anpassung bestimmter Produkteigenschaften an die Präferenzen einzelner Kunden. Je größer deshalb die **Heterogenität der Abnehmerbedürfnisse** in einem Markt, desto größer ist der Zuwachs an Nutzen durch Individualisierung (da in einem homogenen Markt der Hersteller auch (fast) alle Kundenbedürfnisse durch Standardprodukte befriedigen kann). Allerdings ist Individualisierung kein Selbstzweck. Genau die Individualisierungsfunktionen zu finden, bei denen die meisten relevanten Kunden ein Bedürfnis zur Anpassung haben, ist ein wesentlicher Erfolgsfaktor von Mass Customization. Aus dem wahrgenommenen Nutzen eines individuellen Produktes im Vergleich zu einem Standardprodukt ergibt sich für den Anbieter die Möglichkeit, die Preise höher anzusetzen.

5.1.4 Kostenposition (Massenproduktionseffizienz)

Oft wird Mass Customization als Individualisierung zu Preisen einer Massenproduktion – und ohne die Zuschläge einer klassischen Einzelfertigung – definiert (Davis 1987; Pine 1993). Jedoch sind Kunden regelmäßig bereit, hohe Aufpreise für ein individuelles Gut zu zahlen. Dieser Premiumpreis entspricht dem wahrgenommenen Nutzenzuwachs durch die Individualisierung im Vergleich zu einem Massengut. Mass Customization sollte deshalb nicht auf „vergleichbare Massenproduktionspreise" beschränkt werden. Eine wichtige Abgrenzung zu einer klassischen Einzelfertigung ist aber dennoch wichtig: Mass-Customization-Angebote zielen auf das gleiche Marktsegment, das zuvor die massenhaften Güter gekauft hat. Traditionell ist eine Einzelfertigung oft mit derart hohen Aufpreisen versehen, dass damit ein Wechsel in ein völlig anderes Marktsegment erfolgte. Die Aufschläge bei Mass Customization mögen zwar recht hoch sein, aber sie müssen noch „erschwinglich" sein.

Aus Sicht des Herstellers sind solche „erschwinglichen" Preise nur dann möglich, wenn die Erstellung der Güter zu Kosten möglich ist, die diese moderaten Aufschläge erlauben. Das Mass-Customization-Konzept hat dazu zwei wesentliche Ansatzpunkte: Zum einen erlaubt das Wissen, das durch die Integration der Kunden in die Wertschöpfung erlangt wird, effizienteres Handeln durch die **Vermeidung von Verschwendung** und die Erhöhung der Abhängigkeit der Abnehmer (Piller et al. 2004; Su et al. 2005). Zum anderen aber sorgt ein **stabiler Lösungsraum**, das heißt stabile Produkt- und Prozessarchitekturen, dafür, dass die zusätzlichen Kosten der Produktindividualisierung deutlich geringer ausfallen als bei einer klassischen Einzelfertigung.

5.2 Einordnung in die IWS

Die vorangehende Argumentation hat schon gezeigt, warum Mass Customization eine Konkretisierung der IWS ist. Jeder Kunde ist in den Wertschöpfungsvorgang integriert, denn ohne Mitwirkung der Kunden kann kein individuelles Endprodukt erstellt werden. Damit kommt es zu einer Neudefinition der klassischen Grenzen der Arbeitsteilung zwischen Anbietern und Nachfragern.

Individualisierung im Verständnis von Mass Customization ist herstellerinitiiert. Ein Anbieter entwickelt ein modifizierbares Leistungsangebot (den so genannten „Lösungsraum") sowie ein Interaktionssystem, mit dessen Hilfe die Nutzer der Produkte vor Kaufabschluss ihre eigene Konkretisierung dieses Angebots vornehmen können (Kleinaltenkamp 1996, 2002). Ähnlich wie bei der Nutzung eines **Toolkits** for User Innovation ist auch hier die Idee, die Konkretisierung der („sticky", lokalen) Bedürfnisinformation in der Domäne der Nutzer zu belassen: Anstatt ex ante zu erforschen, welche potenziellen Eigenschaften ein Produkt für einen bestimmten Abnehmerkreis haben soll, können die Kunden selbst diese Konkretisierung vornehmen und interaktiv eine fertige Produktspezifikation zum Hersteller transferieren. Hierzu dient eine eigene Klasse an Toolkits: Konfiguratoren bzw. **Toolkits for Customer Co-Design**.

Die **Abgrenzung von Mass Customization zu Open Innovation** lässt sich an drei Aspekten festmachen:

- **Lösungsraum:** Mass Customization geht von einem **festen Lösungsraum** aus, während bei Open Innovation durch die Interaktion mit Nutzern ein **neuer** Lösungsraum geschaffen wird. Natürlich ist auch eine Kombination beider Modelle möglich: Besonders fortschrittliche Nutzer können in die Gestaltung der angebotenen Optionen oder auch in die Entwicklung des Interaktionswerkzeuges (Konfigurator) einbezogen werden. Das so entstehende System wird dann von allen Kunden des Mass-Customization-Angebots genutzt. Die langfristige Anpassung und Weiterentwicklung des Lösungsraums kann dann wiederum mit dem Input einzelner innovativer Nutzer geschehen.

- **Postponement**: Während bei Open Innovation die Integration der Kunden grundsätzlich in allen Phasen des Innovationsprozesses möglich ist, gibt es bei Mass Customization eine klare Zweiteilung der Wertschöpfung in einen kundenunabhängigen und einen kundenspezifischen Teil. Diese daraus resultierende Verzögerung bestimmter Wertschöpfungsaktivitäten wird als Postponement bezeichnet.
- **Mitwirkung regulärer Kunden (Interaktion)**: Bei Open Innovation sind es vor allem Nutzer mit Lead-User-Eigenschaften, die in den Innovationsprozess einbezogen werden bzw. diesen sogar anstoßen. Mass Customization zielt dagegen auf die **breite Masse der Kunden** und repräsentiert so einen Problemlösungsprozess, der im Wesentlichen auf einer Auswahl von Optionen aus einer vorgegebenen Menge bzw. auf der Konkretisierung vorgegebener Parameter beruht.

5.2.1 Stabiler Lösungsraum

Stabile Produkt- und Prozessarchitekturen sind ein wesentliches Charakteristikum von Mass Customization. Die Individualisierungsmöglichkeiten sind begrenzt und im **Lösungsraum** („Solution Space") des Anbieters abgebildet. Diese Fähigkeiten und Kapazitäten werden im Rahmen einer autonomen Vorproduktion vom Anbieter festgelegt. Ein erfolgreiches Mass-Customization-System ist durch stabile, aber dennoch flexible Prozesse definiert, die einen dynamischen Fluss an individuellen Produkten erlauben.

Diese stabilen Prozessbedingungen sind auch ein wesentliches **Differenzierungsmerkmal von Mass Customization zur klassischen (oft handwerklichen) Einzelfertigung**: Ein traditioneller Einzelfertiger erfindet nicht nur für jeden einzelnen Kunden neue Produkte, sondern auch die dazugehörigen Prozesse. Mass Customization setzt dagegen auf stabile Prozesse, um eine hohe Varietät an Produkten effizient bereitstellen zu können. Die wesentlichen Kennzeichen einer Einzelfertigung (auftragsbezogene Kalkulation, hohes Flexibilitätsbedürfnis in allen Fertigungsstufen, individuelle Planung jedes Produktionsprozesses und spezifische Erstellung der Fertigungsunterlagen) treffen also auf Mass Customization **nicht** zu. Individualisierung im Rahmen von Mass Customization geht deshalb nicht so weit, dass Kunden von Grund auf ein völlig neues Produkt ganz nach ihren Wünschen kreiert wird, wie es beispielsweise im Spezialmaschinenbau oder bei der Anfertigung von Sonderwerkzeugen üblich ist. Dies ist klassische Einzelfertigung, die Mass Customization nicht ersetzen kann. Sie hingegen zeichnet sich durch eine auftragsbezogene Kalkulation, einen geringen Vorfertigungsgrad und ein hohes Flexibilitätsbedürfnis in allen Fertigungsstufen aus. Ein Mass-Customization-Konzept baut stets auf einer vorhandenen Produktspezifikation auf. Ziel ist es, an wenigen Komponenten, die aus Kundensicht aber den wesentlichen individuellen Produktnutzen ausmachen, eine Gestaltungs- bzw. Auswahlmöglichkeit zur Verfügung zu stellen.

5.2.2 Der optimale Vorfertigungsgrad im Sinne von Postponement

Die Entscheidung, an welcher Stufe die Kunden in die Wertschöpfung integriert werden, ist eine der wesentlichen Gestaltungoptionen bei Mass Customization. Grundlegendes Prinzip ist die **Teilung der Wertschöpfung in zwei Stufen**: einen kundenunabhängigen, standardisierten sowie einen kundenspezifischen Prozess (siehe Abb. 5.2). Die Idee dieser Zweiteilung ist, dass all die Aktivitäten, über die relativ wenig Unsicherheit herrscht, schon vorgefertigt werden können. Damit können hier Losgrößenvorteile verwirklicht werden. Die Komponenten einer Leistung, bei denen sich die Kunden durch eine hohe Heterogenität der Nachfrage auszeichnen, werden dagegen erst gefertigt (bzw. montiert), wenn ein konkreter Kundenauftrag vorliegt. In der Literatur wird dieses Prinzip auch als **Postponement** bezeichnet, das heißt die bewusste Verzögerung der Aktivitäten, für die relativ viel Prognoseunsicherheit besteht, bis diese durch die Kundenintegration konkretisiert werden können.

Die Entscheidung, wo die Trennung zwischen den auftragsneutralen und den kundenauftragsbezogenen Aktivitäten stattfindet, entspricht der Bestimmung des **optimalen Vorfertigungsgrads**. Dieser Punkt (auch als Entkopplungs- oder Variantenbestimmungspunkt sowie im Englischen als Freeze Point, Order Penetration Point und Decoupling Point bezeichnet) charakterisiert den Schnittpunkt zwischen kundenunabhängiger und auftragsbezogener Fertigung. Die Bestimmung des optimalen Vorfertigungsgrads ist eine wesentliche Stellgröße zur Definition stabiler Prozesse (Corsten 1998).

Die Wahl des optimalen Vorfertigungsgrads liegt so im **Spannungsfeld zwischen Standardisierung und Individualisierung**. Ziel ist es, das optimale Verhältnis zwischen standardisierter und individualisierter Leistungsgestaltung zu finden. Der optimale Integrationsgrad kann sowohl aus Perspektive der Kunden als auch des Anbieters betrachtet werden. Aus Anbietersicht wird theoretisch anhand der preislichen Präferenzprämie

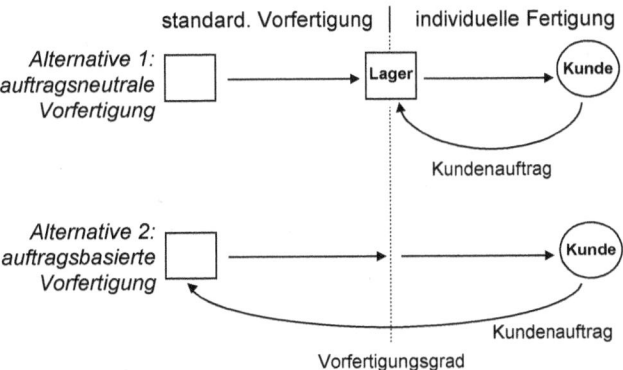

Abb. 5.2 Auftragsneutrale und kundenbasierte Vorfertigung

bestimmt, die aufgrund der größeren Kundennähe der Leistung erzielt werden kann. Diese Präferenzprämie muss den damit verbundenen Kosten gegenübergestellt werden. Das Optimum liegt an dem Punkt, an dem die Differenz aus zusätzlichen Erlösen und Kosten am größten ist.

5.3 Kosteneffizienz von Mass Customization

Die Kriterien in Abschn. 5.2 haben bereits in die Diskussion neuer Kostensenkungspotenziale durch Kundenintegration eingeführt. Treibern für die Kosteneffizienz stehen Treiber für zusätzliche Erlöspotenziale („Markteffizienz") der Produktindividualisierung gegenüber. Wir wollen in diesem Abschnitt zunächst die Auswirkungen von Mass Customization auf die Kosten eines Unternehmens betrachten. Hier gilt es zwischen Kostentreibern und neuen Kostensenkungspotenzialen zu unterscheiden.

5.3.1 Kostentreiber aus Sicht des Herstellers

Eine Individualproduktion verursacht zusätzliche Kosten, die zum einen aus Investitionen in den Aufbau des Individualisierungspotenzials (Solution Space) resultieren (fixe Kosten), zum anderen im operativen Geschäft anfallen (variable Kosten). Wichtig ist dabei eine Betrachtung über alle Wertschöpfungsbereiche hinweg, denn allzu oft werden in der Praxis lediglich die Kosten in der Produktion bedacht. Dabei sind bei vielen Mass Customizern aber vor allem die zusätzlichen Kosten, die auf die Interaktion mit den Kunden zurückzuführen sind, erfolgskritisch.

5.3.1.1 Kosten in Produktion und Logistik
Für die **Einrichtung und Planung der Produktion** fallen im Vergleich zur klassischen Massenproduktion bei einer Einzelfertigung oftmals höhere Investitionen an. Ein Mass-Customization-Unternehmen benötigt in der Regel mehrere Universalmaschinen, um die wechselnden Bearbeitungsvorgänge zu bewältigen. Dadurch werden die klassischen Kostendegressionseffekte einer Massenproduktion bei einer Individualfertigung in der Regel nicht erreicht. Geringere Wiederholungsgrade eines Arbeitsschritts führen auch zu einer eingeschränkten Wirksamkeit des Lerngesetzes der Produktion. Damit lässt sich nicht nur die Arbeitsproduktivität nicht verbessern, sondern häufig müssen auch höher qualifizierte Arbeitskräfte (mit einer höheren Flexibilität) eingestellt werden. Das Resultat sind steigende Arbeits- und damit Herstellkosten.

Allerdings setzt die **Idee des „stabilen Lösungsraums"** als Differenzierungsmerkmal einer Produktindividualisierung durch Mass Customization genau hier an. Eine Modularisierung von Produkten und Prozessen soll auf der Vorleistungsebene unabhängig von einer individuellen Leistungserstellung Skaleneffekte verwirklichen (Jiao und Tseng 1996). Die Module stellen Gleichteile dar, das heißt, sie gehen trotz ihrer standardisierten Herkunft ohne Veränderung in eine Vielzahl von verschiedenartigen Endprodukten ein (van Hoek et al. 1998). Die synergetische Nutzung dieses Potenzials resultiert in Verbundeffekten (Feitzinger und Lee 1997). Diese Kombination von Skalen- und Verbundeffekten ist ein wesentliches Kennzeichen von Mass Customization (Piller 2006).

Dennoch kommt es in der Produktion zu zusätzlichen Kosten, die vor allem in der **steigenden Komplexität** des gesamten produktionstechnischen Aufgabenvollzugs begründet sind. So steigen mit Zunahme der einzuplanenden Aufträge die Anzahl und Vielschichtigkeit der Planungsläufe, da je nach Spezifikation verschiedene alternative Arbeitsvorgänge berücksichtigt werden müssen (Homburg und Weber 1996).

Kostenwirkungen ergeben sich auch in Hinblick auf die **Materialwirtschaft**. Um die Kundenwünsche schnell und breit zu erfüllen, müssen bei Mass Customization oft im Eingangslager anstatt eines Materials in einer bestimmten Qualität mehrere alternative Materialien in verschiedenen Ausprägungen vorgehalten werden, womit es hier zu einem Anstieg der Kosten kommt. Deshalb wird häufig auch eine auftragsspezifische Bestellung der Materialien gefordert (optimal aus Sicht der gesamten Wertschöpfungskette wäre natürlich die auftragsspezifische Vorfertigung der Materialien). Auch wenn so die Bestandskosten und -risiken sinken, steigt der Aufwand im Bestellwesen. Weitere Kosten resultieren aus der Notwendigkeit flexiblerer und aufwändigerer Transport- und Handlingsysteme, um ein größeres Teilespektrum verarbeiten zu können.

Schließlich steigen bei einer kundenindividuellen Produktion auch die Ansprüche und damit die Kosten der **Qualitätskontrolle**. Während bei einer Fertigung von Standardprodukten Stichproben genügen, müssen bei einer individualisierten Produktion alle Produkte einer Qualitätsprüfung unterzogen werden (denn nichts ist geschäftsschädigender als eine unpassende Maßfertigung).

5.3.1.2 Kosten der Kundeninteraktion

Kundenbezogene Wertschöpfung findet im engeren Sinne auf der **Informationsebene** statt. Grundlage der Erstellung individueller Produkte und Leistungen ist stets eine Interaktion zwischen Abnehmer und Anbieter im Leistungserstellungsprozess. Ein Massen- bzw. Variantenfertiger kann diese Aufgaben dem Handel übertragen. Doch je komplexer ein Leistungsobjekt und der dazu gehörige Spezifikationsprozess sind, desto effizienter wird aus Transaktionskostensicht die interne Abwicklung der Distributionsfunktion, das heißt, bei einer spezifischen, individuellen Leistung ist eine **direkte Kommunikation** zwischen Abnehmer und Hersteller **im Sinne eines Direktvertriebs** ohne Einschaltung des Handels vorteilhaft (Picot 1986; Schnäbele 1997).

Zusätzliche Kosten von Mass Customization resultieren auch hier aus Verlusten der Effizienzvorteile einer Massenproduktion, hier aus Sicht des Vertriebs. Die Informations- und Kommunikationskosten steigen aus Sicht des Herstellers im Vergleich zum Absatz massenhafter Waren und Leistungen stark an (Piller et al. 2004):

- **Steigende Informations- und Kommunikationskosten** zur Erhebung der Konfigurationsinformation für jeden Kunden: Hierbei geht es bei Weitem nicht nur um die rein

funktionale Erhebung der Wünsche, sondern vor allem auch um Beratung der Kunden bei der Formulierung ihrer Wünsche. Zusätzliche Kosten entstehen neben den operativen Kosten bei jedem Kundenkontakt insbesondere durch den Aufbau entsprechender Konfigurationssysteme.
- **Aufbau von Vertrauen und Risikoreduktion beim Abnehmer:** Der Einbezug der Kunden in die Wertschöpfung bedeutet für diese nicht nur aktive Mitarbeit, sondern auch einen Vertrauensvorschuss und zusätzliches Risiko. Hieraus resultiert die Notwendigkeit von vertrauensstiftenden Maßnahmen und einer ausgeklügelten Kommunikationspolitik – beides sind wesentliche Kostentreiber von Mass Customization, die oft unterschätzt werden.

Damit geht es bei diesen Kostentreibern vor allem um die Verhinderung zusätzlicher Kosten und Komplexität aus Sicht der Kunden, die wir im folgenden Abschnitt betrachten wollen.

5.3.2 Zusatzkosten für den Kunden

Die direkten Kosten von Mass Customization aus Kundensicht entsprechen dem **Preispremium**, das Kunden für ein individuelles Gut im Vergleich zum massenhaften Gut zahlen müssen. Doch für die Kunden fallen auch **indirekte Kosten** an. Angesichts der kombinatorisch oft sehr hohen möglichen Variantenzahlen zur Definition eines Endproduktes stehen die Käufer vor einer recht **komplexen Kaufentscheidung** (Dellaert und Stremersch 2005; Huffman und Kahn 1998). Das Resultat ist eine steigende Unsicherheit der Abnehmer, da bei Kaufabschluss die Leistungserstellung noch nicht erfolgt ist. Diese Probleme lassen sich in zwei wesentliche Treiber indirekter Kosten von Mass Customization aus Kundensicht gliedern (Huffman und Kahn 1998; Liechty et al. 2001):

- **„Qual der Wahl" („Burden of Choice"):** Eine hohe Variantenvielfalt erhöht die Informationskosten der Abnehmer. Such- und Vergleichsprozesse sind unübersichtlicher, die Transparenz der Angebote ist geringer. In industriellen Märkten besitzen Kunden zwar häufig das notwendige Know-how für die Produktdefinition, jedoch ist auch hier der Konfigurationsprozess oft mit großem Aufwand verbunden. Im Konsumgütergeschäft dagegen besitzen die Abnehmer bei vielen Produkten keine ausreichenden Kenntnisse zur Definition der Produktspezifikation, die ihren Bedürfnissen entspricht.

    Ein Problem von Mass Customization ist hier, dass eine zu hohe Anzahl an Optionen die Komplexität aus Kundensicht erhöhen mag (auch wenn gleichzeitig eine große Optionszahl die Wahrscheinlichkeit erhöht, für jeden Kunden das richtige Produkt zu erstellen). Als Resultat lässt sich in der Praxis beobachten, dass Kunden immer wieder den Interaktionsvorgang bei einem Mass-Customization-Angebot abbrechen und sich dem Standardangebot zuwenden (Dellaert und Stremersch 2005). Dieses Problem wird dadurch noch verstärkt, dass viele Kunden relativ wenig Produktwissen besitzen und

so einfach nicht beurteilen können, welche Variante ihren Bedürfnissen am ehesten entspricht (Huffman und Kahn 1998).
- **Qualitätsunsicherheiten der Abnehmer** entstehen, da sie die Leistung ex ante nicht überprüfen können. Gleichfalls ist die Situation der Abnehmer von Unsicherheit bezüglich des Verhaltens des Anbieters geprägt. Bedingt durch den kooperativen Charakter der individuellen Leistungserstellung besteht zwischen den Beteiligten eine asymmetrische Informationsverteilung – eine typische Principal-Agent-Konstellation. Der Anbieter als Agent trifft Entscheidungen, die nicht nur seinen eigenen Nutzen, sondern auch den der Kunden (Principal) beeinflussen. Diese Situation ist umso ausgeprägter, je neuer und individueller die zu erstellende Leistung ist.

Die mit diesen Faktoren verbundenen Unsicherheiten können als **zusätzliche Kosten des Kunden** interpretiert werden, der eine Leistungsindividualisierung möchte. Eine der wichtigsten Aufgaben des Anbieters – und daraus resultiert ein wesentlicher Kostentreiber – ist es, dafür zu sorgen, dass einerseits dieser Aufwand möglichst gering gehalten wird und andererseits der Nutzen, den die Abnehmer aus der Individualisierung erfahren, deutlich höher als die von ihnen wahrgenommenen Mühen bzw. zusätzlichen Kosten der Individualisierung ausfällt.

5.3.3 Neue Kostensenkungspotenziale durch Produktindividualisierung

Wir haben in Abschn. 5.3.2 die Kostentreiber von Mass Customization beschrieben. Insgesamt gibt es aus Anbietersicht **drei Möglichkeiten, diese zusätzlichen Kosten zu decken** (Piller et al. 2004):

- Erstens gestattet die **Differenzierungswirkung von Mass Customization, höhere Preise** für ein individuelles Gut zu verlangen. Ursache dieses Preissetzungspotenzials ist eine wahrgenommene Wertsteigerung aus Abnehmersicht, die wir in Abschn. 5.4 noch genauer besprechen werden.
- Zweitens erlauben die **Potenziale moderner Produktions- und Informationstechnologien**, die zusätzlichen Kosten einer Produktindividualisierung durch Mass Customization heute im Vergleich zu einer klassischen Einzelfertigung zu senken. Ebenso soll der Gedanke des stabilen Lösungsraums und der daraus abgeleiteten Forderung nach stabilen Prozessen und Produktarchitekturen (Modularisierung) die Höhe der zusätzlichen Kosten beschränken (siehe dazu zum Beispiel Hvam et al. 2008; MacCarthy et al. 2003; Piller 1998, 2006; Salvador et al. 2004).
- Drittens aber kann die **Kundenintegration auch zugleich eine Quelle neuer Kostensenkungspotenziale** darstellen. Interessanterweise bieten genau die gleichen Ursachen der Kundenintegration, die für die steigenden Kosten einer Einzelfertigung verantwortlich sind, auch Ansatzpunkte für zusätzliche Kostensenkungspotenziale, die beim

Angebot standardisierter Produkte nicht möglich sind (Piller 2006; Piller et al. 2004). Wir fokussieren die Argumentation in diesem Abschnitt auf jene Kostensenkungspotenziale, die unmittelbar auf der Integration der Kunden in die Wertschöpfung beruhen.

5.3.3.1 Vermeidung von Verschwendung durch besseren „Fit to Market"

Wesentliches Ziel von Kundenintegration ist die Gewinnung eines genaueren Verständnisses des Marktumfeldes, also heutiger wie künftiger Kundenwünsche. Aggregation und Vergleich der Informationen, die ein Unternehmen über seine verschiedenen Kunden gewonnen hat, bewirken, dass das Kundenverhalten transparent wird. Dies erlaubt eine **zielgerichtete und effizientere Marktbearbeitung.**

So vermeidet die **„On-Demand"-Strategie** von Mass Customization **Fehlprognosen** auf Endproduktebene ebenso wie **hohe Distributionslagerkosten**. Der Abbau von Fertigwarenbeständen kann die Bestandskosten drastisch reduzieren – bei gleichzeitig steigender Planungssicherheit. Auch entfallen Abschriften auf überschüssige Produkte durch Modellwechsel. Da ein Mass Customizer keine nur auf Verdacht eines möglichen Kundeninteresses produzierte Ware auf Lager hält, muss das Kundeninteresse auch nicht künstlich durch zum Teil hohe Preisnachlässe geweckt werden. Betrachtet man die Tatsache, dass in der Textilindustrie viele Händler lediglich 50 bis 60 Prozent ihrer Waren zum vollen Preis absetzen können, kann die Abschaffung der daraus folgenden Preisnachlässe aufgrund der rein kundenindividuellen Produktion für den Rest der Ware ein wesentlicher Beitrag für höhere Margen sein. So können die Preise gesenkt werden, oder es steht ein höherer Spielraum zur Verfügung, die aus der Individualisierung resultierenden zusätzlichen Kosten zu decken.

Die Fertigung individueller Leistungsvarianten kann hier teilweise die **Anpassungskosten** so weit senken, dass eine eventuelle Steigerung der Produktions- und Transaktionskosten überkompensiert wird. Weiterhin kann es zum Abbau von Fixkostenblöcken (Leerkosten) kommen, die durch die Notwendigkeit einer hohen Leistungs- und Flexibilitätsbereitschaft als Reaktionsmöglichkeit auf eine schnelle Anpassung an die Markterfordernisse entstanden sind. Auch diese Erhöhung der Kapazitätsauslastung bzw. Verringerung von Leerkapazitäten durch die Reduktion von Unsicherheiten trägt zu einer Zunahme der Effizienz bei.

Wie bereits diskutiert, entstehen durch die Entkopplung der Wertschöpfungskette in einen auftragsspezifischen und einen auftragsneutralen Teil Kostenvorteile, wenn wesentliche Wertschöpfungsstufen erst dann betrieben werden, sobald ein konkreter Kundenauftrag vorliegt, zugleich aber eine schnelle Reaktionsfähigkeit durch die Vorfertigung sichergestellt ist (Salvador und Forza 2004). Ebenso können trotz individueller Endprodukte Skaleneffekte während der Vorproduktion der standardisierten Komponenten gesichert werden. Die Potenziale zur Kostensenkung, die sich aus einer Entkopplung der Wertschöpfungskette ergeben können, stehen in enger Korrelation zur Wahl der Wertschöpfungsstufe, auf der die Kunden integriert werden. Eine tiefe Integration der Kunden bis hinein in die Produktentwicklung („Development to Order") erlaubt eine stärkere Entkopplung der Wertschöpfung.

5.3.3.2 Reduktion der Akquisekosten durch Steigerung der Kundenbindung

Kundenintegration kann in Verbindung mit dem Angebot individualisierter Produkte einen wirkungsvollen Hebel bieten, **die Loyalität der Kunden** zu erhöhen. Einerseits trägt die individualisierte Problemlösungskompetenz dazu bei, dass die Kunden „freiwillig" dem Anbieter treu bleiben, da ihnen die individuelle Lösung höheren Nutzen stiftet. Andererseits erhöht eine individualisierte Leistung die Abhängigkeit der Abnehmer, da diese bereits als Folge ihrer Integration in die Leistungserstellung des Anbieters spezifische Investitionen getätigt haben. Aufgabe des Herstellers ist es, die während der Interaktion gewonnenen Informationen folgegeschäfts- und gewinnbringend einzusetzen (Piller 2006; Pine et al. 1995). Die Käufer vermitteln dem Mass Customizer viele Informationen über sich, sei es explizit durch Angabe ihrer Wünsche oder implizit durch die Möglichkeit für den Anbieter, den Kundenkontakt auszuwerten. Peppers und Rogers (1997) sprechen deshalb bei dieser Verbindung aus Mass Customization und individuellem Beziehungsmarketing von **„Learning Relationships"**, die im Zeitablauf wachsen, tiefer und intelligenter werden.

Learning Relationships entstehen wie folgt: Je mehr die Kunden dem Hersteller während des Integrationsprozesses über ihre Vorlieben, Abneigungen und Spezifikationswünsche erzählen, desto eher kann bereits beim ersten Kauf ein Produkt gefertigt werden, das den Wünschen der jeweiligen Kunden entspricht. Speichert der Hersteller nun diese Kundenwünsche, weiß er auch bei zukünftigen Interaktionen, was die Kunden wünschen und bevorzugen. Diese Informationen bilden dann eine effiziente Basis für die schnellere und einfachere Vornahme der Integration (im Rahmen der Konfiguration). Ergänzt das Unternehmen derartige Informationen noch um Wissen über die Kunden, das während des Produktgebrauchs entsteht, kann das Unternehmen bei einem Wiederholauftrag auf verfeinertes und verbessertes Wissen über die jeweiligen Kunden zurückgreifen, was sowohl eine schnellere/einfachere als auch eine inhaltlich verbesserte Formulierung der Leistungsspezifikation zulässt. Bei jedem zusätzlichen Kauf wird dieses Wissen weiter verfeinert, es kommt zu einem kontinuierlichen „Fine Tuning". Ebenso erlaubt der Aufbau dieses Wissens beispielsweise, den Abnehmern nach Ablauf der durchschnittlichen Verbrauchszeit des Produktes automatisch ein Angebot zum Nachkauf zukommen zu lassen.

Learning Relationships steigern den Erlös pro Kunde, da sie über den eigentlichen Produktnutzen hinaus Kaufentscheidung und -prozess vereinfachen und so die Kunden bei Wiederholungskäufen wieder das Unternehmen wählen lassen. Sie bilden einen einschneidenden Schutz gegen neue Konkurrenten. Warum sollten Kunden zu einem Wettbewerber wechseln, selbst wenn dieser ein technisch/funktional gleichwertiges individuelles Produkt liefern kann, wenn ein anderes Unternehmen bereits all das weiß, was für die Erbringung der Leistung notwendig ist? Ein neuer Anbieter muss dieses Wissen erst wieder mühsam erfragen. Ebenso haben auch die Kunden nun Erfahrungen und Lernkurveneffekte zur Abwicklung ihrer Integration in die Leistungserstellung des spezifischen Herstellers gesammelt.

5.4 Wertsteigerung und Erlöspotenziale durch Individualproduktion

Wenn durch Produktindividualisierung der Idealpunkt verschiedener Kunden möglichst genau getroffen werden kann, folgt hieraus ein **Differenzierungsvorteil** für den Anbieter. Ziel einer Differenzierungsstrategie ist generell, den Kundennutzen durch eine überlegene Qualität im weitesten Sinne als wettbewerbsentscheidendes Merkmal einer angebotenen Leistung herauszustellen. Der Nutzen bezieht sich dabei meist nicht auf die Leistung als Ganzes, sondern auf eine Eigenschaft, die alle Abnehmer als wichtig oder besonders bemerkenswert erachten.

Daraus folgt für den Anbieter ein **Preissetzungsspielraum**, da er den Preis seiner Leistung über den Preis eines konkurrierenden Produktes setzen kann, ohne sofort jegliche Nachfrage zu verlieren. Dieser Preiszuschlag entspricht bei einer Produktindividualisierung aus Sicht der Kunden dem Nutzenzuwachs im Vergleich zum Kauf und Gebrauch eines massenhaft hergestellten Gutes. Wenn wir diesen Nutzenzuwachs etwas genauer betrachten, können wir zwei wesentliche Treiber ausmachen (Ihl et al. 2006; Piller 2006): eine Steigerung der wahrgenommenen **Produktqualität**, aber auch Nutzen durch den Interaktionsprozess beim Bezug des individuellen Gutes selbst, ausgedrückt als **Prozessqualität**.

5.4.1 Steigerung der wahrgenommenen Produktqualität

Eine Produktindividualisierung beeinflusst die **wahrgenommene Produktqualität** sowohl in Bezug auf die funktionalen Eigenschaften eines Produktes als auch in Hinblick auf emotionale (hedonistische) Faktoren, die ein Nutzer mit einem Produkt verbindet, zum Beispiel Neuheitswert, Status oder Originalität.

Der klassische **Kernnutzen einer Individualisierung** setzt an den funktionalen Eigenschaften an, das heißt dem Nutzenzuwachs durch die bessere **Übereinstimmung der Leistung mit den spezifischen Bedürfnissen** eines einzelnen Kunden (Homburg et al. 1999; Steger 2007). Allgemein lassen sich drei Kategorien unterscheiden, an denen der Nutzen durch Individualisierung des Produktes im Sinne der funktionalen Qualität ansetzen kann:

1. Erste Individualisierungsmöglichkeit sind die **individuellen Maße** der Kunden bzw. Verwender. Hierunter fällt der große Bereich körpernaher Produkte wie Kleidung oder Schuhe, aber auch Autositze, Bürostühle oder Höhen von Apparaturen. Weiterhin können auch die Einbaumaße eines Möbelstücks auf die Abmessungen einer Wohnung abgestimmt werden. Passform kann als das Urmotiv von Mass Customization gesehen werden.
2. Aus Verwendungssicht bietet eine **Individualisierung der Funktionalität** viele Möglichkeiten. Ansatzpunkt sind die Eigenschaften eines Produktes in Hinblick auf bestimmte Verwendungszwecke. Beispiele sind die Laufeigenschaften eines Sportschuhs, die

Bespannung eines Tennisschlägers oder der Funktionsumfang eines PCs. Da eine funktionale Individualisierung auf der Ebene materieller Produkte teilweise recht schwierig und aufwändig ist, bieten sich an dieser Stelle viele Optionen, durch ergänzende individuelle Dienstleistungen gewünschte Funktionen bereitzustellen.

3. Schließlich kann sich die Individualisierung auf die **gustative bzw. visuelle Wahrnehmung der Kunden** (ästhetisches Design) beziehen. Oft wird Individualisierung auf diesen Bereich beschränkt. Wir halten aber für viele Branchen ein Mass-Customization-Konzept, das rein am ästhetischen Design ansetzt, für langfristig nicht tragfähig und zu leicht austauschbar, da nicht in einem Maße Nutzen für die Abnehmer geschaffen wird, um die Grundlage einer dauerhaften Kundenbeziehung zu legen.

Kann ein Abnehmer eine oder mehrere dieser Eigenschaften genau an seine spezifischen Wünsche anpassen, sollten die wahrgenommene Produktqualität und so die Produktzufriedenheit entsprechend steigen. Dieser Effekt ist umso größer, je **heterogener** sich die Wünsche der Kunden in Bezug auf die Produkteigenschaften verteilen, das heißt je schwieriger es für einen Hersteller ist, durch wenige Standardvarianten eines Produktes alle gewünschten Eigenschaftsbündel des angestrebten Marktsegments abzubilden (Broekhuizen und Alsem 2002).

Im Gegensatz zur funktionalen Qualität betreffen **hedonistische Aspekte** die nicht aufgabenbezogenen Eigenschaften eines Produktes. Individuelle Produkte könnten hedonistische Attribute wie den Wunsch nach Einmaligkeit (das heißt, kein anderer Kunde soll die gleiche Ausprägung des Produktes besitzen; siehe Tepper et al. 2001), nach Abwechslung („Variety Seeking", Kahn 1995) oder nach dem sozialen Status, der mit einem maßgeschneiderten Produkt verbunden ist, erfüllen und damit zur Zufriedenheit der Kunden beitragen. Nach ersten empirischen Studien in diesem Bereich (Franke und Piller 2004; Schreier 2006) können hedonistische Eigenschaften bei manchen Konsumgüterbereichen aus Kundensicht ebenso wichtig wie die ergonomischen Eigenschaften werden. Diese Ansatzpunkte, die ebenfalls zur Differenzierung eines individuellen Angebots von massenhaften Produkten beitragen, gehen eng mit dem Nutzenzuwachs einher, der durch den Interaktionsvorgang selbst generiert wird, das heißt der **Wert des Interaktionsvorgangs**.

5.4.2 Steigerung der wahrgenommenen Prozessqualität

Betrachtet man **Co-Design-Prozesse** im Kontext von Mass Customization genauer, so zeigt sich ein zweischneidiges Bild: Zum einen wird der Aufwand von Co-Design in der Literatur oft als Faktor für die Grenzen der Produktindividualisierung angeführt (Dellaert und Stremersch 2005; Huffman und Kahn 1998; Piller et al. 2005; Schreier 2006). Mass-Customization-Käufe sind High-Involvement-Käufe, bei denen die Kunden relativ viel Zeit und Aufwand investieren müssen. Die mit diesen Faktoren verbundenen Kosten können als zusätzliche Transaktionskosten der Kunden interpretiert werden, die sich auf eine Leistungsindividualisierung einlassen, wie schon in Abschn. 4.4.4 diskutiert.

Jedoch beinhaltet Co-Design auch eine **positive (hedonistische) Erlebniskomponente**. Der Co-Design-Prozess wird von den Kunden nicht nur als Mittel zum Zweck (individuelles Produkt) gesehen, sondern besitzt selbst einen symbolischen Wert. Schreier (2005) nennt beispielsweise den **„Pride-of-Authorship"-Effekt**. Für die Kunden könnte die Begeisterung, etwas selbstgeschaffen zu haben, schon allein wertstiftend sein. Hinzu kommt das Gefühl, etwas Einmaliges oder Einzigartiges kreiert zu haben. Neben dieser Begeisterung könnten Mass-Customization-Kunden auch den Abschluss des Co-Design-Prozesses als Erfüllung eines anspruchsvollen und **kreativen Schaffensakts** ansehen, der schon allein Nutzen stiftet (Lakhani und Wolf 2005). Diese Faktoren bilden den hedonistischen Wert der Prozessqualität. Die Berücksichtigung von sowohl aufwandsbezogenen als auch hedonistischen Eindrücken ist eine wichtige Basis für die Gestaltung der Interaktionsprozesse bei Mass Customization.

Im Rahmen einer Internetkonfiguration hat dabei die **„Flow-Theorie"** eine große Bedeutung (Csikszentmihalyi 1990). Diese beschäftigt sich mit Fragen der intrinsischen Motivation (Motivation aus Eigenantrieb) und den Determinanten, die Aktivitäten so erfreulich machten, dass sie um ihrer selbst willen ausgeübt werden (siehe auch Kap. 4). Flow bezeichnet jenen Zustand, bei dem eine Person so in eine Tätigkeit vertieft ist, dass nichts Anderes um sie herum eine Rolle zu spielen scheint. Ein Flow entsteht, wenn beispielsweise Nutzer merken, dass sie bei der Lösung einer als hoch wahrgenommenen Herausforderung die notwendigen Fähigkeiten besitzen, um diese zu meistern. Ein **Co-Design-Vorgang** kann genau dieses Gefühl und den daraus resultierenden Nutzen erzeugen. Wichtig ist es dabei allerdings, die Kunden nicht zu überfordern, da sonst Frustration entsteht. In ganz besonderem Maße muss den Kunden dabei das Gefühl vermittelt werden, die Kontrolle über die Situation zu haben. Jeder Kunde muss sich als eigener Designer begreifen können. Dazu ist eine zeitnahe Visualisierung des Ergebnisses nötig, um den Nutzern eine Rückmeldung über ihre Tätigkeit geben zu können.

5.4.3 Preispolitische Potenziale

Der höhere wahrgenommene Nutzen eines mitgestalteten Produktes führt aufgrund der Wirkung des Differenzierungseffekts zu einem höheren **Preissetzungsspielraum** für den Anbieter (Franke und Piller 2004 weisen diesen Effekt erstmalig in einer empirischen Studie nach). Theoretische Idealvorstellung ist dabei die bereits von Pigou (1920) als **„Preisdifferenzierung ersten Grades"** bezeichnete Festlegung eines individuellen Preises für jeden Abnehmer in dem Maße, dass die gesamte Konsumentenrente dieses Kunden abgeschöpft wird. Die Konsumentenrente entspricht dem Differenzbetrag zwischen der Zahlungsbereitschaft eines Abnehmers und dem Preis, den dieser für das Produkt bezahlt. Ziel ist es damit, genau die Zahlungsbereitschaft eines jeden Kunden abzugreifen. Eine Individualisierung der Preise begleitet so eine Individualisierung der Produkte (Skiera 2003).

Jedoch ist die Wirklichkeit nicht ganz so einfach: Der Kundennutzen ist zwar ein Indikator für den maximal möglichen Preis – spiegelt aber nicht den optimalen Absatzpreis wider. Zwar sinkt mit der Individualisierung innerhalb gewisser Grenzen die **Preiselastizität der Nachfrage**, aber in der Praxis ist der Preisspielraum oft gering. Es besteht eine Obergrenze, ab der die potenziellen Abnehmer nicht mehr bereit sind, den aus der Attraktivität der Leistung resultierenden Mehrpreis zu honorieren, und auf billigere Konkurrenzprodukte ausweichen, auch wenn diese ihren Anforderungen nicht genau entsprechen.

Zudem müsste ein Anbieter, der den Preisspielraum einer **individuellen Leistungserstellung** entsprechend der Theorie ausnutzen möchte, nicht nur die Wünsche jedes Kunden erheben und in individuelle Produkte umsetzen, sondern darüber hinaus den Wert der Individualisierung (Nutzenzuwachs beim Kunden durch individuelle Leistung) messen können – was die Kenntnis der Preissensibilität aller Kunden voraussetzt.

Deshalb wird in der Praxis bei einer Leistungsindividualisierung meist **kein individueller Preis pro Abnehmer** bestimmt, sondern entweder ein einheitlicher Preis gefordert oder aber das Entgelt anhand eines klar strukturierten und durchschaubaren **Preisbaukastens** an die gelieferte Leistung angepasst. Bei dieser Individualisierung der Entgeltgestaltung sind die Kunden selbst und bewusst für die Preisbestimmung „verantwortlich". Voraussetzung ist, dass es sich um modular aufgebaute Produkte und Leistungen handelt, deren Module einzelne, verschieden aufwändige (bzw. verschieden bewertete) Optionen aufweisen, die zu unterschiedlichen Preisen angeboten werden: Leder- oder Stoffverkleidung, vergoldete oder Messingstecker, Markenkomponente oder „No-Name"-Bauteil. Automobilhersteller nutzen diese Flexibilität teilweise hervorragend, indem sie in der Werbung relativ günstige Einstiegspreise angeben, um die damit angezogenen Kunden dann während des Konfigurationsvorgangs zu hochwertigeren Komponenten und Upgrades zu „überreden".

Wichtig ist abschließend aber noch einmal zu betonen, dass Produktindividualisierung durch Mass Customization von „vertretbaren" Preisaufschlägen ausgeht, die keinen Wechsel des Marktsegments im Vergleich zu den Käufern massenhaft hergestellter Güter zur Folge haben. Ebenfalls glauben wir nicht, dass in mittel- bis langfristiger Sicht Nachfrager bereit sind, hohe Aufschläge allein für den Zuwachs an hedonistischer Produkt- und Prozessqualität zu zahlen. Im Vordergrund steht langfristig der **Nutzenzuwachs durch besser an die individuellen Präferenzen angepasste Produkte**.

5.5 Phasen und Instrumente der Kundeninteraktion bei Mass Customization

In Abschn. 5.4 haben wir diskutiert, welche Effizienzvorteile IWS im Sinne von Mass Customization ermöglichen kann. Zur Erlangung dieser Vorteile ist allerdings aus Sicht beider Marktparteien eine Interaktion notwendig, der in diesem Ausmaß bei einer Massenproduktion nicht anfällt: der Co-Design-Vorgang zur Gestaltung der kundenindividuellen

Lösung, der das Prinzip der Kundenintegration bei Mass Customization konkretisiert. Im Folgenden betrachten wir deshalb, welche Ansprüche Co-Design an die Kunden stellt und welche Probleme dabei zu überwinden sind. Aufbauend auf diese Argumentation betrachten wir, wie ein entsprechendes System zur **Kundeninteraktion bei Mass Customization** gestaltet werden kann.

Wir haben bereits in Kap. 4 eine ähnliche Argumentation in Bezug auf Toolkits für User Innovation geführt. Im Folgenden konkretisieren wir diese Ausführungen in Bezug auf die **Gestaltung von Toolkits für Mass Customization**. Auf die ebenfalls wichtigen Punkte des Aufbaus des **Produktions- und Logistiksystems** für Mass Customization wollen wir an dieser Stelle nicht weiter eingehen (siehe dazu weiterführend Hvam et al. 2008; MacCarthy et al. 2003; Piller 1998, 2006; Salvador et al. 2004).

Der IWS-Prozess bei Mass Customization besteht aus einer Reihe von Phasen, die über die eigentliche Konfiguration hinausgehen. Eine mögliche Strukturierung dieser Phasen findet sich bei Blaho (2001) und Müller (2007) in Anlehnung an die Konsumentenverhaltensforschung, die sich an den klassischen Phasen des **Kaufentscheidungsprozesses** orientieren: Vorkauf-, Kauf- und Nachkaufphase. Aufbauend auf dieser grundsätzlichen Gliederung stellen wir im Folgenden ein erweitertes Interaktionsmodell für Mass Customization vor (Ihl et al. 2006). Es betrachtet den Mass-Customization-Prozess aus Kundensicht. Die Beobachtung und Befragung von Kunden von individualisierbaren Produkten hat gezeigt, dass sich der Verkaufsprozess für Mass Customization **in sechs Phasen** gliedern kann, die zwar ineinander übergehen, jedoch durch spezifische Aufgaben gekennzeichnet sind (siehe Abb. 5.3):

1. Die **erste Phase**, in der eine Interaktion von Käufer und Verkäufer stattfinden kann, ist die **Phase der Kommunikation**, deren primäres Ziel es ist, die Aufmerksamkeit neuer, potenzieller Kunden für das Konzept zu gewinnen. Erste grundlegende Informationen sind ggf. nötig, die den Kunden an das Konzept und seine Rolle heranführen.
2. Es folgt eine **Orientierungsphase**, in der sich die Kunden mit den Möglichkeiten, die der Anbieter offeriert, auseinandersetzen und in der sie vertiefende Informationen erhalten.

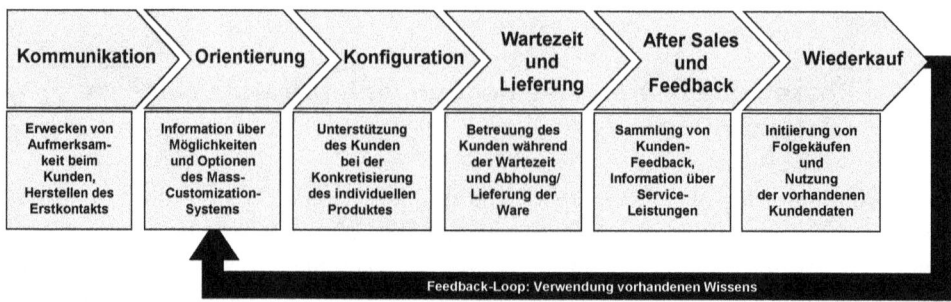

Abb. 5.3 Phasen der Kundeninteraktion bei Mass Customization

3. Die zweite Phase geht häufig fließend in die **Konfigurationsphase** über. Diese steht im Mittelpunkt jedes Mass-Customization-Angebots und dient der Spezifizierung der individuellen Kundenlösung.
4. Erst nach der Konfiguration findet die Produktion der Kundenlösung statt, weshalb sich für die Kunden eine **Wartezeit** bis zur Lieferung oder Abholung ihres individuellen Produktes ergibt.
5. In der **After-Sales-Phase** geht es darum, die gesammelten Kundeninformationen durch zusätzliche Informationen über den Kunden zu ergänzen und für eine weiterführende Kundenbetreuung zu nutzen.
6. Der **Wiederholungskauf** soll für den Kunden so einfach wie möglich sein, wobei auf bereits gespeicherte Kundendaten zurückgegriffen werden sollte.

Das Modell gilt sowohl für Online- als auch Offline-Interaktionsprozesse und trägt damit der Tatsache Rechnung, dass der Interaktionsprozess bei Mass Customization sowohl im Internet als auch in einem Laden oder als Kombination beider Kanäle erfolgen kann. Die einzelnen Phasen dieses Modells werden im Folgenden näher beschrieben (in Anlehnung an Ihl et al. 2006).

5.5.1 Kommunikationsphase

Was nützen die besten kundenindividuellen Produkte, wenn sie niemand kennt? Die Differenzierungsvorteile von Mass Customization können den Kunden erst dann Nutzen stiften, wenn diese auf das Angebot aufmerksam werden. Aufgabe der Kommunikationsphase ist es deshalb, die potenziellen Kunden über das Angebot kundenindividueller Produkte und Dienstleistungen zu informieren.

Maßnahmen zur **Verkaufsförderung** unterscheiden sich im Vergleich zu Standardprodukten durch zwei Aspekte: die Komplexität der Produkte und die besondere Rolle, die die Kunden durch ihre Integration in die Wertschöpfung spielen. Zusätzlich besteht – wie bei Dienstleistungen – die Herausforderung, dass zu Beginn des Leistungserstellungsprozesses kein fertiges Produkt existiert, das in der Kundenkommunikation gezeigt werden kann. Damit ist es für die Abnehmer schwierig, die Qualität der Leistung zu bestimmen, was zu einem großen wahrgenommenen Risiko führen kann.

Dabei sollten die Kommunikationsmaßnahmen je nach Stellung der Kunden – **Neu- und Bestandskunden** – differenziert werden, denn die Kundengruppen unterscheiden sich in Informationsstand und Grad des wahrgenommenen Risikos. Bei potenziellen Neukunden geht es zunächst darum, die Aufmerksamkeit dieser Konsumentengruppe für das Mass-Customization-Programm zu wecken. Ziel ist es, potenzielle Kunden über die Möglichkeit einer Individualisierung zu informieren, die Vorteile individueller Produkte und deren Preisgestaltung zu erläutern und hervorzuheben, wo die Grenzen liegen. Bei Bestandskunden geht es dagegen darum, ihnen zu zeigen, dass die bereits vorhandenen Informationen zu einem effizienteren Wiederholungskauf führen können.

Eine aktuelle Strategie ist der **Einbezug der Kunden in den Aufbau des Distributionssystems** für Mass Customization. Spreadshirt in Deutschland sowie Zazzle und Cafepress in den USA sind sehr gute Beispiele. Hier wird ein Konfigurationstool für User Co-Design mit einem einfachen Shop wie bei eBay kombiniert. Damit wird eine wesentliche Hürde der Skalierbarkeit eines Mass-Customization-Angebots überwunden: Hat ein besonders kreativer Kunde einmal eine tolle eigene Kreation geschaffen, kann er diese an alle anderen Nutzer einfach weiterkaufen, die dafür nicht mehr der gesamten Komplexität der Leistungskonfiguration gegenüberstehen. Da der Hersteller aber dennoch durch die Verwendung flexibler Produktionstechniken die resultierende sehr hohe Variantenvielfalt effizient anbieten kann, entsteht hier ein neues Geschäftsmodell, das große Chancen aufweist.

5.5.2 Orientierungsphase

Die Information über den Lösungsraum eines Mass-Customization-Systems gehört zu den wichtigsten Inhalten des Kundeninteraktionsprozesses. Die Kunden setzen sich hier bereits mit den Individualisierungsoptionen für das Produkt auseinander, haben dabei aber weniger die konkrete Spezifikation ihres gewünschten Produktes im Auge, sondern möchten vielmehr alle Möglichkeiten erforschen, die im Rahmen des Mass-Customization-Angebots bestehen. Dabei kann die Orientierung sowohl on- als auch offline stattfinden, zum Beispiel mit Hilfe eines Konfigurators am PC (zu Hause oder am Point of Sale) oder anhand ausliegender Stoffmuster, Produktmodelle und -komponenten im Geschäft.

Orientierung ist nicht nur bei Mass Customization wichtig, sondern auch beim Kauf von Standardprodukten: Hier wollen Kunden ebenfalls das Angebot erforschen, es zum Beispiel anfassen oder ausprobieren. Kennzeichnend für Mass Customization ist allerdings erneut die höhere Komplexität und Unsicherheit auf der Seite der Kunden, da es nicht um komplette Produkte, sondern um viele Optionen für die Produktbestandteile und deren Kombinationsmöglichkeiten geht.

Für Unternehmen ist es deshalb essenziell, diese Phase zu strukturieren und die **Komplexität aus Kundensicht** zu reduzieren. Durch ständige Optimierung der Auswahl können die Optionen entfernt werden, die nur von einer kleinen Anzahl an Kunden gewählt werden. Permanent sollte deshalb eine Überprüfung der angebotenen Auswahl stattfinden. Konfiguratoren spielen somit bereits in dieser Phase eine wichtige Rolle, denn sie können helfen, das Produktangebot in einer für Kunden ansprechenden Art und Weise darzustellen.

5.5.3 Konfigurationsphase

Im Mittelpunkt des Kundeninteraktionsprozesses bei Mass Customization steht die **Konfiguration**. Für alle Individualisierungsoptionen muss aus dem angebotenen Komponentenspektrum jeweils die Ausprägung gewählt werden, die den Kundenwünschen entspricht. Konfiguration ist so eine (oft computerbasierte) **Co-Design-Aktivität**, in der die Abnehmer jeweils ihre individuelle Leistung und deren Leistungsmerkmale innerhalb eines vorgegebenen Lösungsraums festlegen. **Vorgegebener Lösungsraum** heißt dabei, dass sowohl die einzelnen Komponenten als auch ihre Kombinationsmöglichkeiten vorab durchdacht und festgelegt wurden: Im Gegensatz zur klassischen Einzelfertigung basiert Mass Customization auf einer modularen Produktarchitektur und auf definierten Anpassungsschritten. Alle Konfigurationsmöglichkeiten sind ex ante bereits definiert (bzw. können aufgrund eines parametrisierten Designs unmittelbar errechnet werden). Damit kann eine regelbasierte Beschreibung der Produktkonfiguration geschaffen werden (selbst dann, wenn kombinatorisch die Anzahl der möglichen Varianten schnell in die Millionen geht), was die Voraussetzung für eine weitreichende Vereinfachung, Automatisierung und Effizienzsteigerung des Konfigurationsvorgangs bietet.

Aus Sicht des Anbieters muss der Konfigurationsprozess weitgehend automatisiert werden. Dies ist vor allem im Konsumgütermarkt notwendig, um die zusätzlichen Kosten der Interaktion zwischen Hersteller und jedem Abnehmer entscheidend zu senken. Die hier oft übliche Selbstbedienung im Handel ist auf eine Selbstkonfiguration der Kunden zu übertragen. Ist eine Selbstkonfiguration nicht möglich, muss das Verkaufspersonal des Anbieters bei der Erhebung der Individualisierungsinformation so weit wie möglich unterstützt werden.

Genau dies ist die Aufgabe von **Konfigurationssystemen** als Bindeglied zwischen Produktentwicklung, Fertigung und Kundenwunsch. Sie leiten die Kunden (und ggf. einen Mitarbeiter im Verkauf) durch die Erhebung der Bedürfnisinformation – und prüfen sogleich die Konsistenz sowie die Fertigungsfähigkeit der gewünschten Variante. Dieser Dialog vollzieht sich innerhalb von Minuten, bei komplexen Produkten vielleicht innerhalb mehrerer Stunden, auf keinen Fall aber innerhalb von Wochen, wie dies bei einer klassischen Individualfertigung oft die Regel ist. Schon während dieser Phase müssen den Kunden Preis und Lieferzeitpunkt automatisiert mitgeteilt werden können.

Der Einsatz von Konfigurationssystemen stellt damit sowohl hinsichtlich der Effektivität (Erweiterung des Konfigurationsumfangs) als auch der Effizienz (Kostensenkung) eine der wichtigsten technischen Kapazitäten für Mass Customization dar (Berger et al. 2005; Franke und Piller 2003; Liechty et al. 2001). In der Literatur wird der Begriff Konfigurationssystem meist recht technisch verwendet. Deshalb schlagen Franke und Piller (2003) die Verwendung des Ausdrucks „**Toolkit for Customer Co-Design**" vor, um die Nähe zu Toolkits for User Innovation zu betonen. Wir werden in diesem Abschnitt beide Begriffe synonym verwenden.

Gute Konfigurationssysteme erfüllen eine Vielzahl von Aufgaben, die die IWS zwischen Hersteller und Kunden ermöglichen:

- **Beratung und Unterstützung der Nutzer** während des Konfigurationsvorgangs: Abnehmer befinden sich während des Konfigurationsprozesses in einem ständigen Entscheidungszwang, der zusammen mit eventuellen Unsicherheiten zum Abbruch des Kaufs führen kann. Deshalb ist neben technischer oder funktionaler Hilfe vor allem auch Unterstützung zum Erkennen und Formulieren der jeweiligen Kundenbedürfnisse wichtig. **Beratungssysteme** können von einem einfachen Hilfe-Button, der die Eigenschaften einer Komponente erklärt, über automatisch gesteuerte Zusatzinformationen bei bestimmten Verweildauern bis hin zu einem interaktiven Verkaufsberater reichen, der zum Beispiel eine komplette Stilberatung ersetzt.

- **Führung durch den Konfigurationsvorgang**: Es gibt zwei grundlegende Möglichkeiten, Kunden zu ihrer „perfekten" Konfiguration zu führen: mittels parameterbasierter oder mittels bedürfnisbasierter Konfiguration (Randall et al. 2005). **Parameterbasierte Konfiguratoren** präsentieren den Kunden (ggf. vorgefiltert) alle möglichen Auswahloptionen für eine individualisierbare Komponente. Die Kunden müssen dann selbst entscheiden, welche Option ihren Bedürfnissen am ehesten entspricht. **Bedürfnisbasierte („need based") Konfiguratoren** dagegen fragen die Kunden nach ihrem Bedürfnis und schlagen dann selbstständig eine Option vor. Empirische Studien haben gezeigt, dass letzteres Verfahren häufig zu einer höheren Kundenzufriedenheit führt. Eine bedürfnisbasierte Konfiguration bedeutet aus Sicht der IWS aber auch, dass Kunden nur einen relativ geringeren Integrationsgrad besitzen, da der Anbieter den eigentlichen Problemlösungsprozess ja wieder internalisieren. Aber wir wollen noch einmal betonen, dass Kundenintegration kein Selbstzweck ist.
- **Vermittlung eines Einkaufserlebnisses:** Wie bereits argumentiert, ist für viele Kunden bereits die Mitwirkung beim Entwurf eines individuellen Produktes ein besonderes Erlebnis. Die Kunden werden zum eigenen Designer, was Identifikation und Involvement mit dem Endprodukt deutlich erhöhen kann. Hoffman und Novak (1996) konnten einen statistisch signifikanten positiven Zusammenhang zwischen Flow und Online-Kauf empirisch nachweisen. Damit liegt die Bedeutung des Flow-Konstruktes für den Einsatz von Online-Konfiguratoren auf der Hand. Ein guter Konfigurator kann dazu beitragen, bei den Kunden ein Flow-Erlebnis hervorzurufen – mit den angesprochenen positiven Konsequenzen auf das Kaufverhalten.
- **Plausibilitätsprüfung der Auswahl:** Mit jeder Auswahl oder Gestaltung eines Moduls ergeben sich für die weitere Konfiguration des Produktes auf Grund der Produktlogik bestimmte Einschränkungen oder zusätzliche Möglichkeiten. Charakteristisch für die Produktkonfiguration ist, dass die Auswahl bestimmter Module zu einer Belegung anderer Module führt, die weitere Auswahlmöglichkeiten begünstigen oder einschränken. Die Realisierung dieser Prüfungen und Regeln ist von der Funktionsweise der Konfigurationslogik und der dafür eingesetzten Technologie abhängig.
- **Darstellung der Konfiguration: Visualisierung** ist ein wesentlicher Erfolgsfaktor eines guten Konfigurators. Sowohl während als auch am Ende des Konfigurationsvorgangs muss den Kunden das individuell konfigurierte Produkt möglichst realistisch präsentiert werden. Die Visualisierung ersetzt das physische Produkt, das bei kundenindividueller Fertigung zum Zeitpunkt des Kaufabschlusses noch nicht verfügbar ist. Ziel ist es, die Kunden bei ihren Entscheidungen zu unterstützen, aber auch, ihre Kreativität anzuregen. Technisch ist eine Visualisierung meist einer der aufwändigsten Teile eines Konfigurators.

5.5.4 Wartezeit und Lieferung

Nach der Konfiguration folgt aus Anbietersicht die Produktion der individuellen Güter „on demand". Wie beschrieben können dazu schon bis zu einem gewissen Grad Aktivitäten vorausschauend stattgefunden haben, das heißt, die Individualproduktion erfolgt nicht (unbedingt) bei der Aufbereitung der Rohstoffe, sondern kann möglicherweise nur aus der individuellen Montage vorgefertigter Teile bestehen. Dennoch bedeutet aus Kundensicht eine Produktion auf Bestellung, so dass sie bis zur Abholung oder Lieferung des individuellen Produktes **warten müssen**. Als Substitut für das Produkt dient aus Kundensicht ein Ausdruck mit den individuellen Konfigurationsdaten und einer Darstellung des konfigurierten Produktes. Diese Bestellbestätigung kann zu einem wichtigen Kommunikationsinstrument werden.

Die **Gestaltung der Wartezeit** ist ein entscheidender Faktor für die Gesamtzufriedenheit der Abnehmer (Ihl et al. 2006). Umso wichtiger ist es, den Kunden die Vorteile, die aus dem individuellen Produkt resultieren, zu vermitteln. Es gilt außerdem, die Wartezeit soweit möglich transparent zu machen, indem zum Beispiel eine Auftragsverfolgung möglich ist (Ordertracking). Hierzu gehört beispielsweise die Nennung des genauen Fertigungsdatums oder der Zeitpunkt der Übergabe an den Distributor.

5.5.5 Feedback und After-Sales-Phase

Wie beschrieben bietet die direkte Interaktion mit jedem einzelnen Kunden neue Möglichkeiten für den **Aufbau einer intensiven, wissensbasierten Kundenbeziehung**. Unternehmen, die kundenindividuelle Produkte anbieten, haben hier einen entscheidenden Vorteil gegenüber Anbietern von Massenware, da sie eine Vielzahl von Informationen über die Kunden während der Kundeninteraktion gesammelt haben.

Dazu sollte unmittelbar nach der Auslieferung durch einen **Feedback-Prozess** die Zufriedenheit der Kunden mit dem Produkt und dem Interaktionsprozess abgefragt werden, um für künftige Käufe des einzelnen Kunden, aber insbesondere auch für die Optimierung des Gesamtsystems Anregungen zu erhalten. Ferner sollten Kunden regelmäßig mit aktuellen Informationen versorgt werden, die optimalerweise entsprechend der Kaufpräferenzen individuell auf jeden einzelnen Kunden abgestimmt sind.

Eine wichtige Aufgabe an dieser Stelle ist auch die **systematische Auswertung der während des Konfigurationsvorgangs erhobenen Informationen**. Denn Voraussetzung für ein dauerhaft erfolgreiches Mass-Customization-Konzept ist nicht nur die Fähigkeit, Produkte variabel und kostengünstig zu fertigen, sondern gleichermaßen der Einsatz des dabei gewonnenen Wissens zum Aufbau einer dauerhaften Kundenbindung. Die aggregierte Auswertung der gewählten wie auch verworfenen Konfigurationen aller Nutzer kann auch für eine Definition von Varianten für eine standardisierte Variantenproduktion genutzt werden (bei einem simultanen Angebot individueller und massenhafter Leistungen) bzw. zur Verbesserung der Produktarchitekturen und angebotenen Vielfalt einer Mass

Customization. Deshalb sollte ein Konfigurator (im begrenzten Maße) Informationen erheben, die für Wiederkäufe oder ein Cross-/Up-Selling interessant sind (Verwendungszyklen, Anwendungsintensitäten, Feedback etc.). Ebenso ermöglicht das systematische Auswerten der Logfiles, die die Kundenaktivitäten protokollieren, eine systematische Verbesserung des Konfigurators.

5.5.6 Wiederholungskauf

Sind die Kunden mit der individuellen Leistung zufrieden, kommt es aus Anbietersicht hoffentlich zu einem Wiederholungskauf. Hierbei sollte wie in der After-Sales-Phase darauf geachtet werden, dass die bereits vorhandenen Kundendaten sinnvoll genutzt werden. Diese Daten bilden die Grundlage für Learning Relationships, das heißt Kundenbeziehungen, die mit jeder Interaktion wachsen, stärker und intensiver werden und die immer mehr Kundennutzen stiften (Peppers und Rogers 2004). Beispielsweise sollte bei jedem weiteren Kauf auf die gespeicherten Kundendaten zurückgegriffen werden. Damit wird es möglich, Aufwand und Komplexität des Kaufs weiter zu reduzieren. Allerdings darf die Flexibilität, auch auf neue oder geänderte Kundenbedürfnisse einzugehen, nicht verloren gehen. Optimalerweise sind die Kundendaten auch direkt online für die Kunden einseh- und änderbar, so dass diese autonom ihre Daten anpassen können.

Die Zukunft der interaktiven Wertschöpfung 6

6.1 Die Evolution der Organisation arbeitsteiliger Wertschöpfung

Aus der klassischen industriellen Vorstellung der Wertschöpfung (die aber immer noch das Denken vieler Manager und Wissenschaftler prägt!) hat sich in einem evolutionären Prozess das **neue Wertschöpfungsmodell der interaktiven Wertschöpfung (IWS)** gebildet, das die klassischen Koordinationsprinzipien Hierarchie und Markt durch neue Prinzipien ergänzt. Unser Ziel war, einen Bezugsrahmen zu bilden, der verschiedene Theoriebausteine und Prinzipien zusammenfügt, die aus der Organisationsforschung sowie dem Innovations- und Produktionsmanagement abgeleitet wurden. IWS ist nicht universell anwendbar und soll keine bewährten Konzepte ersetzen. Es handelt sich vielmehr um eine **situative Ergänzung** bewährter Ansätze und Instrumente.

Ausgangspunkt unserer Darstellung war die klassische industrielle Massenproduktion auf Basis tayloristischer Prinzipien der Arbeitsgestaltung und hierarchischer Organisationsstrukturen. Dieses konventionelle Wertschöpfungsmodell orientiert sich streng an den Zielen der „Produktivität" und der „Kostenwirtschaftlichkeit" in der Produktion, realisiert durch das Streben nach maximalen Skaleneffekten und einer Zerlegung des Wertschöpfungsprozesses in kleinste Einheiten.

Doch stabile Rahmenbedingungen und langfristig prognostizierbare Absatzmärkte – die Voraussetzungen für die effiziente Anwendung dieses klassischen Wertschöpfungsmodells – gibt es heute immer weniger. Die Strukturen unserer globalisierten Wirtschaft verlangen von Anbietern neue Konzepte und Ideen. Die Potenziale heutiger Informations- und Kommunikationstechnologien bieten einen neuen Lösungsraum: Die Abflachung und die Auflösung hierarchischer Unternehmensstrukturen zugunsten modularer dezentraler Organisationsformen, Netzwerkorganisationen und elektronische Märkte bilden **neue Plattformen für eine flexible, kundenzentrierte Wertschöpfung**.

6.1.1 Das Leitbild der interaktiven Wertschöpfung

Eine zentrale Rolle spielen die Nutzer und Kunden. Sie tragen wesentlich zur Schaffung ökonomischer Werte bei. Dies geschieht dabei nicht nur autonom in der Kundendomäne, sondern auch in einem interaktiven und kooperativen Prozess mit Herstellern und anderen Nutzern einer Leistung. Gleiches gilt für andere externe Akteure, deren Einbindung innerhalb formaler Vertragsbeziehungen zwar schon lange praktiziert wird, jedoch heute über eine flexible und informale Integration auch „nicht offensichtliche" Dritte umfasst.

Das Konzept der IWS erweitert den Gedanken der Netzwerkorganisation um einen wesentlichen Schritt: die Nutzung des Wissens von externen Akteuren für die Wertschöpfung außerhalb formaler Arrangements. Das verteilte Potenzial individueller Wissensträger wird für die Wertschöpfung erschlossen. Unternehmen erhalten so Zugang zu neuem Bedürfnis- und Lösungswissen. Dies kann in allen Phasen der Wertkette geschehen: von der Ideengenerierung über die Markteinführung bis zu Vertrieb und Kundenservice.

Entlang dieser Evolution der Organisation arbeitsteiliger Wertschöpfung ändert sich aber nicht nur die Sichtweise, welche Akteure am Wertschöpfungsprozess aktiv beteiligt sind, sondern auch die Vorstellung, wie das Organisationsproblem, das heißt Koordination und Motivation, am besten gelöst werden kann. Taylors Modell setzt vor allem auf die hierarchische Koordination und Motivation durch finanzielle Anreize in einem geschlossenen Wertschöpfungssystem.

Die Netzwerkansätze erweitern diese Vorstellung um eine Kombination marktlicher und hierarchischer Koordinationsformen und betonen darüber hinaus auch eine Motivation durch nicht monetäre Anreize. Die interaktive Wertschöpfung ergänzt diese beiden klassischen Koordinationsformen (Hierarchie und Markt) durch einen dritten Weg: das Organisationsprinzip einer **„Commons-based Peer Production"**. Hierzu gehören die Selbstselektion und Selbstorganisation von Aufgaben durch (hoch) spezialisierte Akteure, deren Motivation vor allem die (eigene) Nutzung der kooperativ geschaffenen Leistungen ist. Hinzu kommt jedoch eine Vielzahl weiterer sozialer, intrinsischer und extrinsischer Motive.

6.1.2 Neue Erfolgsfaktoren auf dem Weg zur Diffusion der IWS

Allerdings werden die Prinzipien der IWS, die wir in Kap. 3 diskutiert haben, in der Realität nicht immer ein Reinform umgesetzt. Bei den heute vorhandenen Beispielen zu Open Innovation und insbesondere bei Mass Customization vollzieht sich die Integration von Kundenbeiträgen oft noch im Rahmen hierarchischer Arrangements – insbesondere, wenn es sich um materielle Güter handelt, bei denen höhere Ansprüche an die Produktionsausstattung gestellt werden. Auch werden die resultierenden Entwicklungen oft unter den proprietären Schutz des fokalen Herstellerunternehmens gestellt (mittels klassischer Schutzrechte).

In allen Fällen jedoch benötigen Unternehmen wie Kunden neue Fähigkeiten und Kompetenzen. Ein wesentlicher Faktor in diesem Zusammenhang ist der Aufbau von

Interaktionskompetenz. Der Aufbau dieser Kompetenz dauert vor allem in etablierten Unternehmen oft lange. Man sollte jedoch nicht vergessen, dass auch die klassischen Organisationsprinzipien viele Jahrzehnte gebraucht haben, bis sie in modernen Produktionssystemen perfektioniert wurden.

Ein Faktor ist heute jedoch anders: Anders als bei den klassischen Organisationsformen, die dem Änderungswillen und Beharrungsvermögen unternehmensinterner Stakeholder ausgesetzt waren, bestimmen bei der interaktiven Wertschöpfung die Kunden und Nutzer den Wandel und treiben diesen voran. Neue Internettechnologien, aber auch Innovationen in der Produktion stellen heute eine Infrastruktur bereit, auf der sich IWS im kleinen und ohne große Kapitalinvestitionen schnell und einfach entfalten kann – bei gleichzeitig hoher Leistungsfähigkeit, Flexibilität und Qualität.

Dazu brauchen Kunden oft keine „Unternehmen" mehr als Partner – sie suchen sich selbst ihre Partner in virtuellen und realen Gemeinschaften. Dies führt zu einem Wandel im Bewusstsein vieler Kunden, die sich nicht länger als willige Konsumenten, sondern als **aktive Macher ("Maker")** sehen. All diese Entwicklungen werden unserer Meinung nach dazu führen, dass die Diffusionskurve der IWS recht schnell voranschreiten wird.

6.2 Ein offener Aufruf zur Mitwirkung an der Zukunft der Interaktiven Wertschöpfung

Wir laden Sie und Euch ein, an der Zukunft der IWS mitzuwirken: Im Jahre 2016 feiert die „Interaktive Wertschöpfung" bereits ihren zehnten Geburtstag. Nach der 1. Auflage im Jahr 2006 folgte bereits 2009 die 2. Auflage. Schon damals waren unsere wichtigsten Kunden, unsere Studierenden in Bachelor-, Master-, Promotions- und Executive-Programmen sowie Industrie- und Forschungspartner, in die Buchproduktion einbezogen. Grundkonzepte, Fallbeispiele und Literaturbeiträge wurden auch damals intensiv mit diesen Kunden und Partnern diskutiert.

Nun, zehn Jahre später, ist es höchste Zeit, dieses Buch nicht nur inkrementell weiterzuentwickeln und zu verbessern, sondern vor allem Neuentwicklungen aufzunehmen und mutig den Blick auf die Zukunft der IWS zu richten. Auch dies wollen wir mit Ihnen und Euch allen in Form interaktiver Wertschöpfung angehen.

Die Voraussetzungen für eine gemeinsame Fortentwicklung der „Interaktiven Wertschöpfung" sind heute hervorragend. **Dafür spricht vor allem das große und heterogene Netzwerk an potenziellen Mitwirkenden:**

1. Seit der ursprünglichen Vision und Publikation der „Interaktiven Wertschöpfung" (2006) sind allein in unseren eigenen Forscherteams rund 50 Doktorarbeiten im Themenfeld entstanden, deren Entdeckungen, Entwicklungen und Ergebnisse nun in gebündelter Form in die Gesamtsicht zur IWS zu integrieren sind. Alle **Forscher-Alumni** sind daher ganz herzlich zur Mitwirkung eingeladen!
2. Parallel hat sich natürlich auch der weltweite Forschungsstand im Themenfeld substanziell weiterentwickelt. Wir sehen heute, dass alle ursprünglichen Überlegungen und Konzepte

in ihren Grundzügen nicht nur Bestand haben, sondern auch Grundlagen für eine Vielzahl und Vielfalt an Weiterentwicklungen geboten haben. Neue Forschung erweitert und vertieft das ursprüngliche Spektrum an Spielarten der interaktiven Wertschöpfung. Diese Facetten sind aufzunehmen und zu integrieren. Ein herzliches Willkommen daher an **alle Forscher**, die sich diesem interaktiven Buch neu anschließen möchten!
3. Open Innovation und Mass Customization als Basisstrategien der interaktiven Wertschöpfung sind heute längst in Unternehmen angekommen. Damit bestehen neue Erfahrungswerte: Erfahrungen zu Chancen und Realisierungsformen, aber auch Erfahrungen zu Hürden und Stolpersteinen. Hierzu ist bereits eine Vielzahl an Fallstudien – seien es kurze Case-Vignetten oder umfangreiche Fallstudienbeschreibungen – entstanden. Sie sollen Eingang finden in die Gesamtsicht des „Buchs". Wir laden daher auch ganz besonders herzlich unsere **Praxispartner** zur Mitwirkung ein!
4. Zahlreiche **Start-ups** realisieren heute Geschäftsmodelle interaktiver Wertschöpfung, die vor zehn Jahren noch weit jenseits des Erwartbaren und Realisierbaren lagen. Auch in diesem Feld neuer Geschäftsmodelle und ihrer Realisierungen liegen nun schon erste Erfahrungen zu Erfolgen und Fehlschlägen vor, aus denen viel zu lernen ist. Auch sie sollen Eingang finden in das gemeinsame „Buch". Also: „Innovators and disruptors welcome!"
5. Last, but not least – die Möglichkeiten der Einbindung der „Vielen" haben sich deutlich geändert. Haben wir vor zehn Jahren noch in Vorlesungen, Seminaren und Workshops interagiert und uns in intensiven E-Mail-Unterhaltungen und Dokumenten-Feedbacks mit unseren Kunden und Partnern ausgetauscht, so haben wir heute gänzlich neue Möglichkeiten. Wir danken dem Team von **Innosabi**, das seine Plattform der Crowdsourced Innovation für uns so weiterentwickelt hat, dass nun neben klassischen Produkten und Dienstleistungen auch dieses „Buch" in Form interaktiver Wertschöpfung weiterentwickelt werden kann.

Liebe Mitforscher, Mitmacher und Mitstreiter im Feld interaktiver Wertschöpfung, wir laden Sie und Euch ganz herzlich ein, das vorgelegte Dokument als Startrampe zu nutzen, die Entwicklung interaktiv mitzugestalten und um eigene Beiträge zu erweitern:

- Diskutieren, entwickeln und gestalten Sie mit uns die Zukunft der interaktiven Wertschöpfung: Welche neuen Konzepte zeichnen sich ab?
- Welche Werkzeuge stehen zur Verfügung? Wo zeigen Formen interaktiver Wertschöpfung beeindruckende Erfolge?
- Wo haben sich Ansätze aber auch als Sackgasse erwiesen? Und was bedeuten diese Entwicklungen für Wirtschaft und Gesellschaft, ihre Institutionen und die Arbeits- und Lebenswelt des Einzelnen?
- Was bedeuten Konzepte wie Industrie 4.0, digitale Transformation oder Blockchain-Technologie für IWS?

Diese Fragen wollen wir gemeinsam erkunden! Machen Sie mit! Dazu treffen wir uns hoffentlich gleich auf www.open-innovation.de zur Weiterentwicklung dieses Buchs!

Literatur

Allen, Robert C. 1983. Collective invention. *Journal of Economic Behavior and Organization* 4 (1): 1–24.

Allen, Thomas J. 1977. *Managing the flow of technology, technology transfer and the dissemination of technological information within the R&D organization.* Cambridge: MIT Press.

Anderson, Chris. 2006. *The long tail: How endless choice is creating unlimited demand.* London: Random House.

Anderson, Thomas Jr. 1972. Convenience orientation and consumption behavior. *Journal of Retailing* 48 (3): 49–71.

Arrow, Kenneth J. 1962. Economic welfare and the allocation of resource for invention. In *The rate and direction of incentive activity*, Hrsg. Richard Nelson, 609–625. Princeton: Princeton University Press.

Baker, Julie, Aloysius Parasuraman, Dhru Grewal, und Glenn B. Voss. 2002. The influence of multiple store environment cues on perceived merchandise value and patronage intentions. *Journal of Marketing* 66 (2): 120–141.

Baldwin, Carliss, Christoph Hienerth, Eric von Hippel. 2006. How user innovations become commercial products: A theoretical investigation and case study. *Research Policy* 35 (9): 1291–1313.

Bamberger, Ingolf, und Wrona, Thomas. 1996. Der Ressourcenansatz und seine Bedeutung für die strategische Unternehmensführung. *Zeitschrift für betriebswirtschaftliche Forschung (zfbf)* 48 (2): 130–153.

Barnard, Chester. 1948. *Organization and management.* Cambridge: Harvard University Press.

Barney, Jay B. 1986. Strategic factor markets: Expectations, luck, and business strategy. *Management Science* 32 (10): 1231–1241.

Barney, Jay B. 1991. Firm resources and sustained competitive advantage. *Journal of Management* 17 (1): 99–120.

Bartl, Michael, Holger Ernst, und Johann Füller. 2004. Community based innovation: eine Methode zur Einbindung von Online Communities in den Innovationsprozess. In *Produktentwicklung mit virtuellen Communities, Wiesbaden*, Hrsg. Cornelius Herstatt und Jan Sander, 141–168. Wiesbaden: Gabler.

Bateson, John. 1985. Self service consumer: An exploratory study. *Journal of Retailing* 61 (3): 49–76.

Beck, Ulrich. 1986. *Risikogesellschaft: Auf dem Weg in eine andere Moderne.* Frankfurt am Main: Campus.

Becker, Gary S. 1965. A theory of the allocation of time. *Economic Journal* 75: 493–517.

Benkler, Yochai. 2002. Coase's Penguin, or: Linux and the nature of the firm. *The Yale Law Journal* 112: 369–446.

Benkler, Yochai. 2006. *The wealth of networks*. New Haven: Yale University Press.
Berger, Christoph, Kathrin Moeslein, Frank Piller, und Ralf Reichwald. 2005. Co-designing the customer interface for customer-centric strategies: Learning from exploratory research. *European Management Review* 2 (1): 70–87.
Blaho, Robert. 2001. Massenindividualisierung: Erstellung integrativer Leistungen auf Massenmärkten. Dissertation, Universität St. Gallen.
Blazevic, Vera, und Annouk Lievens. 2008. Managing innovation through customer coproduced knowledge in electronic services. *Journal of the Academy of Marketing Science* 36 (1): 138–151.
Brockhoff, Klaus. 2005. Konflikte bei der Einbeziehung von Kunden in die Produktentwicklung. *Zeitschrift für Betriebswirtschaft* 75 (9): 859–877.
Broekhuizen, Thijs L.J., und Karel J. Alsem. 2002. Success factors for mass customization: A conceptual model. *Journal of Market-Focused Management* 5 (4): 309–330.
Butler, Brian, Lee Sproull, Sara Kiesler, und Robert Kraut. 2002. Community effort in online groups: Who does the work and why? In *Leadership at a distance*, Hrsg. Suzanne Weisband und Leanne Atwater, 123–134. Mahwah: Lawrence Erlbaum Publishers.
Chamberlin, Edward H. 1950. Product heterogeneity and public policy. *American Economic Review* 40 (2): 85–92.
Chamberlin, Edward H. 1962. *The theory of monopolistic competition: A re-orientation of value theory*. 8. Aufl. Cambridge: Harvard University Press.
Chandler, Alfred D. 1977. *The visible hand: The managerial revolution in American business*. Cambridge: Harvard University Press.
Chandler, Alfred D. 1980. *Managerial hierarchies: Comparative perspectives on the rise of the modern industrial enterprise*. Cambridge: Harvard University Press.
Chandler, Alfred D. 1990. *Scale and scope*. Cambridge: Belknap Press.
Chesbrough, Henry. 2003. *Open innovation: The new imperative for creating and profiting from technology*. Boston: Harvard Business School Press.
Chesbrough, Henry. 2006. *Open business models: How to thrive in the new innovation landscape*. Boston: Harvard Business School Press.
Christensen, Clayton M. 2000. *The innovator's dilemma*. New York: Harper Business.
Cohen, Wesley M., und Daniel A. Levinthal. 1990. Absorptive capacity: A new perspective on learning and innovation. *Administrative Science Quarterly* 35 (1): 128–152.
Cooper, Robert G. 1988. Predevelopment activities determine new product success. *Industrial Marketing Management* 17 (3): 237–247.
Cooper, Robert G. 1993. *Winning at new products: Accelerating the process from idea to launch*. 2. Aufl. Boston: Perseus Books.
Cooper, Robert G., und Elko J. Kleinschmidt 1987. Success factors in product innovation. *Industrial Marketing Management* 16(3): 215–223.
Corsten, Hans. 1998. *Grundlagen der Wettbewerbsstrategie*. Stuttgart: Teubner.
Corsten, Hans. 2003. *Produktionswirtschaft. Einführung in das industrielle Produktionsmanagement*. 10. Aufl. München: Oldenbourg.
Corsten, Hans, und Thomas Will 1995. Simultaneität von Kostenführerschaft und Differenzierung durch neuere Produktionskonzepte. In *Produktion als Wettbewerbsfaktor*, Hrsg. Hans Corsten, 235–249. Wiesbaden: Gabler.
Cox, Michael, und Richard Alm. 1999. *The right stuff: America's move to mass customization*. Dallas: National Policy Center Association, Policy Report No. 225, June.
Crawford, C. Merle. 1987. New product failure rates: A reprise. *Research Management* 30 (4): 20–24.
Csikszentmihalyi, Mihaly. 1990. *Flow: The psychology of optimal experience*. New York: Harper & Row.

Davis, Stanley. 1987. *Future perfect*. Reading: Addison-Wesley.

Day, George S. 1994. The capabilities of market-driven organization. *Journal of Marketing* 58 (10): 37–52.

Dellaert, Benedict G. C., und Stefan Stremersch. 2005. Marketing mass customized products: Striking the balance between utility and complexity. *Journal of Marketing Research* 43 (20): 219–227.

Dierickx, Ingemar, und Karel Cool. 1989. Asset stock accumulation and sustainability of competitive advantage. *Management Science* 35 (12): 1504–1511.

Dockenfuß, Rolf. 2003. Praxisanwendungen von Toolkits und Konfiguratoren zur Erschließung taziten Userwissens. In *Management der frühen Innovationsphasen*, Hrsg. Cornelius Herstatt und Birgit Verworn, 215–232. Wiesbaden: Gabler.

Drucker, Peter F. 1954. *The practice of management*. New York: Harper & Row.

Du, Xuehong, und Mitchell M. Tseng. 1999. Characterizing customer value for product customization. Proceedings of the 1999 ASME Design Engineering Technical Conference, 1999, 12.–15. September, Las Vegas: DFM8916-1-11.

Engelhardt, Werner, und Jörg Freiling. 1995. Die integrative Gestaltung von Leistungspotentialen. *Zeitschrift für betriebswirtschaftliche Forschung (zfbf)* 47 (10): 899–918.

Engelhardt, Werner, Michael Kleinaltenkamp, und Martin Reckenfelderbäumer. 1993. Leistungsbündel als Absatzobjekte: Ein Ansatz zur Überwindung der Dichotomie von Sach- und Dienstleistungen. *Zeitschrift für betriebswirtschaftliche Forschung (zfbf)* 45 (5): 395–426.

Ernst, Holger. 2001. *Erfolgsfaktoren neuer Produkte: Grundlagen für eine valide empirische Forschung*. Wiesbaden: Gabler.

Ernst, Holger. 2002. Success factors of new product development: A review of the empirical literature. *International Journal of Management Reviews* 4 (1): 1–40.

Feitzinger, Edward, und Hau Lee. 1997. Mass customization at Hewlett-Packard: The power of postponement. *Harvard Business Review* 75 (1): 116–121.

Fleck, Andree. 1995. *Hybride Wettbewerbsstrategien*. Wiesbaden: Gabler.

Fließ, Sabine. 2001. *Die Steuerung von Kundenintegrationsprozessen: Effizienz in Dienstleistungsunternehmen*. Wiesbaden: Gabler.

Foray, Dominique, und Lundvall, Bengt-Ake. 1996. *The knowledge-based economy: From the economics of knowledge to the learning economy*. Paris: OECD, Employment and Growth in the Knowledge-Based Economy.

Foss, Nicolai J., Karl Laursen, und Torben Pedersen. 2005. *Organizing to gain from user interaction: The role of organizational practices for absorptive and innovative capacities*. Arbeitspapier. Copenhagen: Copenhagen Business School, Center for Strategic Management and Globalization.

Fournier, Guy. 1994. *Informationstechnologien in Wirtschaft und Gesellschaft*. Berlin: Springer.

Franck, Egon, und Carola Jungwirth. 2003. Die Governance von Open-Source-Projekten. *Zeitschrift für Betriebswirtschaft* 73 Ergänzungsheft (5): 1–21.

Franke, Nikolaus, und Frank Piller. 2003. Key research issues in user interaction with configuration toolkits in a mass customization system. *International Journal of Technology Management (IJTM)* 26 (5/6): 578–599.

Franke, Nikolaus, und Frank Piller. 2004. Toolkits for user innovation and design: An exploration of user interaction and value creation. *Journal of Product Innovation Management* 21 (6): 401–415.

Franke, Nikolaus, und Martin Schreier. 2002. Entrepreneurial opportunities with toolkits for user innovation and design. *International Journal on Media Management* 4 (4): 225–234.

Franke, Nikolaus, und Sonali Shah. 2003. How communities support innovative activities: An exploration of assistance and sharing among end-users. *Research Policy* 32 (1): 157–178.

Franke, Nikolaus, und Eric von Hippel. 2003. Satisfying heterogeneous user needs via innovation toolkits: The case of Apache security software. *Research Policy* 32 (7): 1199–1215.

Franke, Nikolaus, Eric von Hippel, und Martin Schreier. 2006. Finding commercially attractive user innovations: A test of lead-user theory. *Journal of Product Innovation Management* 23 (4): 301–315.

Frohlich, Markham T., und Roy Westbrook. 2001. Arcs of integration: An international study of supply chain strategies. *Journal of Operations Management* 19 (2): 185–200.

Füller, Johann, Michael Bartl, Holger Ernst, und Hans Mühlbacher. 2004. Community based innovation: A method to utilize the innovative potential of online communities. In *Proceedings of the 37th Hawaii international conference on system sciences 2004*. Kona: IEEE.

Gibbert, Michael, Marius Leibold, und Gilbert Probst. 2002. Five styles of customer knowledge management, and how smart companies use them to create value. *European Management Journal* 20 (5): 459–469.

Gourville, John. 2006. Eager sellers & stony buyers. *Harvard Business Review* 84 (6): 98–106.

Gouthier, Matthias. 2004. Customer Empowerment im Internet. In *Konsumentenverhalten im Internet: Konzepte, Erfahrungen, Methoden*, Hrsg. Klaus-Peter Wiedmann et al., 227–253. Wiesbaden: Gabler.

Gouthier, Matthias, und Stefan Schmid. 2001. Kunden und Kundenbeziehungen als Ressourcen von Dienstleistungsunternehmen. *Die Betriebswirtschaft (DBW)* 61 (2): 223–239.

Griffin, Abbie, und John R. Hauser. 1993. The voice of the customer. *Marketing Science* 12 (1): 1–27.

Grün, Oskar, und Jean-Claude Brunner. 2002. *Der Kunde als Dienstleister: Von der Selbstbedienung zur Co-Produktion*. Wiesbaden: Gabler.

Gruner, Kjell, und Christian Homburg. 2000. Does customer interaction enhance new product success? *Journal of Business Research* 49(1): 1–14.

Gutenberg, Erich. 1951. *Grundlagen der Betriebswirtschaftslehre. Band 1: Die Produktion*. Berlin: Springer.

Haas, David F., und Forrest A. Deseran. 1981. Trust and symbolic exchange. *Social Psychology Quarterly* 44: 3–13.

Hammer, Michael, und Champy, James. 1993. *Reengineering the corporation*. New York: Harper Business.

Harhoff, Dietmar, Joachim Henkel, und Eric von Hippel. 2003. Profiting from voluntary information spillovers: How users benefit by freely revealing their innovations. *Research Policy* 32 (10): 1753–1769.

Hars, Alexander, und Shaosong Ou. 2002. Working for free? Motivations for participating in open-source projects. *International Journal of Electronic Commerce* 6 (3): 25–39.

Heinen, Edmund. 1976. *Produktions- und Kostentheorie*. Wiesbaden: Gabler.

Heinen, Edmund. 1991. Industriebetriebslehre als entscheidungsorientierte Unternehmensführung. In *Industriebetriebslehre*, 9. Aufl., Hrsg. Edmund Heinen, 1–71. Wiesbaden: Gabler.

Henkel, Joachim, und Jan Sander. 2003. Identifikation innovativer Nutzer in virtuellen Communities. In *Management der frühen Innovationsphasen*, Hrsg. Cornelius Herstatt und Birgit Verworn, 72–102. Wiesbaden: Gabler.

Hennig-Thurau, Thorsten. 1998. *Konsum-Kompetenz: Eine neue Zielgröße für das Management von Geschäftsbeziehungen*. Frankfurt am Main: Lang.

Herstatt, Cornelius, Christian Lüthje, und Christopher Lettl. 2002. Wie fortschrittliche Kunden zu Innovationen stimulieren. *Harvard Business Manager* 24 (1): 60–68.

Herstatt, Cornelius, und Eric von Hippel. 1992. Developing new product concepts via the lead user method: A case study in a low tech field. *Journal of Product Innovation Management* 9 (3): 213–221.

Hoffman, Donna, und Thomas Novak. 1996. Marketing in hypermedia computer-mediated environments: Conceptual foundations. *Journal of Marketing* 80 (7): 50–68.

Homburg, Christian, Annette Giering, und Frederike Hentschel. 1999. Der Zusammenhang zwischen Kundenzufriedenheit und Kundenbindung. *Die Betriebswirtschaft (DBW)*, 59 (2): 174–195.

Homburg, Christian, und Jürgen Weber. 1996. Individualisierte Produktion. In *Handwörterbuch der Produktion*, 2. Aufl., Hrsg. Werner Kern et al., 653–663. Stuttgart: Schäffer-Poeschel.

Howe, Jeff. 2006. The rise of crowdsourcing. *Wired* 14(6): 34–41.

Howe, Jeff. 2008. *Crowdsourcing: Why the power of the crowd is driving the future of business*. New York: Crown Business.

Huff, Anne S., und Kathrin Möslein. 2004. An agenda for understanding individual leadership in corporate leadership systems. In *Leadership and management in the 21st century*, Hrsg. Cary Cooper, 248–270. Oxford: Oxford University Press.

Huffman, Chynthia, und Barbara Kahn. 1998. Variety for sale: Mass customization or mass confusion. *Journal of Retailing* 74 (4): 491–513.

Hvam, Lars, Niels Henrik Mortensen, und Jesper Riis. 2008. *Product customization*. New York: Springer.

Ihl, Christoph, Melanie Müller, Frank Piller, und Ralf Reichwald. 2006. Produkt- und Prozesszufriedenheit bei Mass Customization: Eine empirische Untersuchung der Bildung von Zufriedenheitsurteilen von Kunden-Co-Designern. *Die Unternehmung* 59 (3): 165–184.

Jacob, Frank. 1995. *Produktindividualisierung: Ein Ansatz zur innovativen Leistungsgestaltung im Business-to-Business-Bereich*. Wiesbaden: Gabler.

Jacob, Frank. 2003. Kundenintegrations-Kompetenz: Konzeptionalisierung, Operationalisierung und Erfolgswirkung. *Marketing-Zeitschrift für Forschung und Praxis* 25 (2): 83–98.

Jiao, Jianxin, und Mitchell Tseng. 1996. Design for mass customization. *Annals of the CIRP* 45 (1): 153–156.

Kahn, Barbara E. 1995. Consumer variety-seeking among goods and services. *Journal of Retailing and Consumer Services* 2 (3): 139–148.

Katila, Riitta, und Gautam Ahuja. 2002. Something old, something new: A longitudinal study of search behavior and new product introduction. *Academy of Management Journal* 45 (6): 1183–1194.

Katz, Ralph, und Thomas Allen, 1982. Investigating the Not Invented Here (NIH) syndrome. *R&D Management* 12: 7–19.

Kleinaltenkamp, Michael. 1996. Customer Integration: Kundenintegration als Leitbild für das Business-to-Business-Marketing. In *Customer Integration: Von der Kundenorientierung zur Kundenintegration*, Hrsg. Michael Kleinaltenkamp, Sabine Fließ, und Frank Jacob, 13–24. Wiesbaden: Gabler.

Kleinaltenkamp, Michael. 2002. Customer integration im electronic business. In *Handbuch electronic business*, 2. Aufl., Hrsg. Rolf Weiber, 443–468. Wiesbaden: Gabler.

Kleinaltenkamp, Michael, und Michaela Haase. 2000. Externe Faktoren in der Theorie der Unternehmung. In *Die Theorie der Unternehmung in Forschung und Praxis*, Hrsg. Horst Albach et al., 167–194. Berlin: Springer.

Kleinaltenkamp, Michael, und Andreas Marra. 1995. Institutionenökonomische Analyse der „Customer Integration". *Zeitschrift für betriebswirtschaftliche Forschung (zfbf)* 47 (35): 101–117.

Kosiol, Erich. 1959. *Grundlagen und Methoden der Organisationsforschung*. Berlin: Springer.

Kozinets, Robert V. 1999. E-Tribalized marketing? The strategic implications of virtual communities on consumption. *European Management Journal* 17 (3): 252–264.

Kozinets, Robert V. 2002. The field behind the screen: Using Netnography for marketing research in online communities. *Journal of Marketing Research* 39 (1): 61–72.

Kuester, Sabine. 2008. Herausforderung Innovation. Manuskript eines Vortrags am Institut für Marktorientierte Unternehmensführung an der Universität Mannheim, März.

Lakhani, Karim, und Robert Wolf, 2005. Why hackers do what they do: Understanding motivation and effort in free/open source projects. In *Perspectives on Free and Open Source Software*, Hrsg. Joseph Feller, Brian Fitzgerald, Scott A. Hissam, und Karim R. Lakhani, 3–21. Cambridge: MIT Press.

Lakhani, Karim R., Lars Bo Jeppesen, Peter A. Lohse, und Jill A. Panetta. 2007. *The value of openness in scientific problem solving*. Boston: Harvard Business School Working Paper No. 07-050.

Lancaster, Kelvin J. 1966. A new approach to consumer theory. *Journal of Political Economy* 74: 132–157.

Lane, Peter J., und Richard Klavans. 2005. Science intelligence capability and innovation performance: An absorptive capacity perspective. *International Journal of Technology Intelligence and Planning* 1 (2): 185–204.

Langeard, Eric, John E.G. Bateson, Christopher H. Lovelock, und Pierre Eiglier. 1981. *Services marketing: New insights from consumers and managers. Marketing Science Institute Report No. 81–104*. Boston: Marketing Science Institute.

Laursen, Keld, und Ammon Salter. 2006. Open for innovation: The role of openness in explaining innovation performance among UK manufacturing firms. *Strategic Management Journal* 27 (2): 131–150.

Lerner, Joshua, und John Tirole. 2002. Some simple economics of open source. *Journal of Industrial Economis* 50 (2): 197–234.

Lettl, Christopher, Christoph Hienerth, und Hans Georg Gemünden. 2008. Exploring how lead users develop radical innovation. *IEEE Transactions on Engineering Management* 55 (2): 219–233.

Levinthal, David, und Giovanni Gavetti. 2000. Looking forward and looking backward: Cognitive and experimental search. *Administrative Science Quarterly* 45: 113–140.

Levitt, Barbara, und James G. March. 1988. Organizational learning. *Annual Review of Sociology* 14: 319–334.

Liechty, John, Venkatram Ramaswamy, und Steven H. Cohen. 2001. Choice menus for mass customization: An experimental approach for analyzing customer demand with an application to a web-based information service. *Journal of Marketing Research* 39 (2): 183–196.

Lilien, Gary, Pam Morrison, Kathleen Searls, Mary Sonnack, und Eric von Hippel. 2002. Performance assessment of the lead user idea-generation process for new product development. *Management Science* 48 (8): 1042–1059.

Lundvall, Bengt-Ake, und Björn Johnson. 1994. The learning economy. *Journal of Industry Studies* 1 (2): 23–41.

Lüthje, Christian. 2000. *Kundenorientierung im Innovationsprozess: Eine Untersuchung der Kunden-Hersteller-Interaktion in Konsumgütermärkten*. Wiesbaden: Gabler.

Lüthje, Christian. 2004. Characteristics of innovating users in a consumer goods field: An empirical study of sport-related product consumers. *Technovation* 24 (9): 683–695.

Lüthje, Christian, und Cornelius Herstatt. 2004. The lead user method: Theoretical-empirical foundation and practical implementation. *R&D Management* 34 (5): 549–564.

Lüthje, Christian, Cornelius Herstatt, und Eric von Hippel. 2005. User-innovators and „local" information: The case of mountain biking. *Research Policy* 34 (6): 951–965.

MacCarthy, Bart, Brabazon, Philip G., und Johanna Bramham. 2003. Fundamental modes of operation for mass customization. *International Journal of Production Economics* 85 (3): 289–308.

MacDonald, John, und Jim Tobin. 1998. Customer empowerment in the digital economy. In *Blueprint to the digital economy*, Hrsg. Don Tapscott et al., 202–220. New York: McGrawHill.

Malone, Thomas W., Joanne Yates, und Robert Benjamin. 1987. Electronic markets and electronic hierarchies. *Communications of the ACM* 30 (6): 484–497.

McKenna, Regis. 2002. *Total access: Giving customers what they want in an anytime, anywhere world*. Boston: Harvard Business School Press.

Morrison, Pamela D., John H. Roberts, und David Midgley. 2004. The nature of lead users and measurement of leading edge status. *Research Policy* 33 (2): 351–362.

Morrison, Pamela D., John H. Roberts, und Eric von Hippel. 2000. Determinants of user innovation and innovation sharing in a local market. *Management Science* 46 (12): 1513–1527.

Müller, Melanie. 2007. *Integrationskompetenz von Kunden bei individuellen Leistungen. Konzeptualisierung, Operationalisierung und Erfolgswirkung*. Wiesbaden: Gabler.

Nambisan, Satish. 2002. Designing virtual customer environments for new product development: Towards a theory. *Academy of Management Review* 27 (3): 392–413.

Normann, Richard, und Rafael Ramirez. 1993. From value chain to value constellation. *Harvard Business Review* 71 (4): 65–77.

Normann, Richard, und Rafael Ramirez. 1998. *Designing interactive strategy: From value chain to value constellation*. Revised reprint. New York: Wiley (original edition: 1994).

Offe, Claus, und Rolf G. Heinze. 1990. *Organisierte Eigenarbeit: Das Modell Kooperationsring*. Frankfurt am Main/: Campus.

Ogawa, Susumu. 1998. Does sticky information affect the focus of innovation? Evidence from the Japanese convenience store industry. *Research Policy* 26 (7–8): 777–790.

Ogawa, Susumu, und Frank T. Piller. 2006. Reducing the risk of new product development. *MIT Sloan Management Review* 48 (1): 65–72.

Peppers, Don, und Martha Rogers. 1997. *Enterprise one to one: Tools for competing in the interactive age*. New York: Doubleday.

Peppers, Don, und Martha Rogers. 2004. *Managing customer relationships: A strategic framework*. Hoboken: Wiley.

Pfeffer, Jeffrey, und Gerald R. Salancik. 1978. *The external control of organizations: A resource dependence perspective*. New York: Harper & Row.

Picot, Arnold. 1986. Transaktionskosten im Handel. Betriebs-Berater; Beilage 13 zu H.12/1986: 2–16.

Picot, Arnold, und Ralf Reichwald. 1994. Auflösung der Unternehmung? Vom Einfluss der IuK-Technik auf Organisationsstrukturen und Kooperationsformen. *Zeitschrift für Betriebswirtschaft* 64 (5): 547–570.

Picot, Arnold, Ralf Reichwald, und Rolf Wigand. 2003. *Die grenzenlose Unternehmung*. 5. Aufl. Wiesbaden: Gabler.

Pigou, Arthur C. 1920. *The economics of welfare*. London: Macmillan.

Piller, Frank. 1998. *Kundenindividuelle Massenproduktion*. München: Hanser.

Piller, Frank. 2004. *Innovation and value co-creation*. Habilitationsschrift an der Fakultät für Wirtschaftswissenschaften der Technischen Universität München, München.

Piller, Frank. 2006. *Mass Customization*. 4. Aufl. Wiesbaden: Gabler.

Piller, Frank, Kathrin Möslein, und Christof Stotko. 2004. Does mass customization pay? An economic approach to evaluate customer integration. *Production Planning & Control* 15 (4): 435–444.

Piller, Frank, Petra Schubert, Michael Koch, und Kathrin Möslein. 2005. Overcoming mass confusion: Collaborative customer co-design in online communities. *Journal of Computer-Mediated Communication* 10(4). Doi: 10.1111/j.1083–6101.2005.tb00271.x.

Piller, Frank, und Dominik Walcher. 2006. Toolkits for idea competitions: A novel method to integrate users in new product development. *R&D Management* 36 (3): 307–318.

Pine, B. Joseph II. 1993. *Mass customization*. Boston: Harvard Buisness School Press.

Pine, B. Joseph II, Don Peppers, und Martha Rogers. 1995. Do you want to keep your customers forever? *Harvard Business Review* 73 (2): 103–114.

Porter, Michael. 1980. *Competitive strategy*. New York: The Free Press.

Porter, Michael. 1985. *Competitive advantage: Creating and sustaining superior performance*. New York: The Free Press.

Porter, Michael E. 1996. What is strategy? *Harvard Business Review*, 74 (6): 61–78.

Prahalad, Coimbatore (CK), und Mayuram S. Krishnan. 2008. *The new age of innovation. Driving co-created value through global networks.* New York. McGraw-Hill.

Prahalad, Coimbatore (CK), und Venkatram Ramaswamy. 2000. Co-opting customer competence. *Harvard Business Review* 79 (1): 79–87.

Prahalad, Coimbatore (CK), und Venkatram Ramaswamy. 2004. *The future of competition: Co-creating unique value with customers.* Boston: Harvard Business School Press.

Pribilla, Peter, Reichwald, Ralf Ramaswamy, und Robert Goecke. 1996. *Telekommunikation im Management, Strategien für den globalen Wettbewerb.* Stuttgart: Schäffer-Poeschel.

Ramirez, Rafael. 1999. Value co-production: Intellectual origins and implications for practice and research. *Strategic Management Journal* 20 (1): 49–65.

Randall, Taylor, Christian Terwiesch, und Karl T. Ulrich. 2005. Principles for user design of customized products. *California Management Review* 47 (4): 68–85.

Ratchford, Brian T. 2001. The economics of consumer knowledge. *Journal of Consumer Research* 27 (3): 397–411.

Raymond, Eric S. 1999. *The cathedral and the bazaar.* Sebastopol: O'Reilly.

Reichwald, Ralf, Kathrin Möslein, Hans Sachenbacher, und Hermann Englberger. 2000. *Telekooperation: Verteilte Arbeits- und Organisationsformen.* 2. Aufl. Berlin: Springer.

Riggs, William, und Eric von Hippel. 1994. Incentives to innovate and the sources of innovation: The case of scientific instruments. *Research Policy* 23 (4): 459–469.

Ritter, Thomas. (1998). *Innovationserfolg durch Netzwerk-Kompetenz: effektives Management von Unternehmensnetzwerken.* Wiesbaden: Gabler.

Rosenkopf, Lori, und A. Nerkar. 2001. Beyond local search: Boundary-spanning, exploration and impact in the optical dics industry. *Strategic Management Journal* 22 (4): 287–306.

Salvador, Fabrizio, und Cipriano Forza. 2004. Configuring products to address the customization-responsiveness squeeze: A survey of management issues and opportunities. *International Journal of Production Economics* 91 (3): 273–291.

Salvador, Fabrizio, Johnny M. Rungtusanatham, und Cipriano Forza. 2004. Supply-chain configurations for mass customization. *Production Planning & Control* 15 (4): 380–402.

Sawhney, Mohanbir, und Emanuela Prandelli. 2000. Communities of creation: Managing distributed innovation in turbulent markets. *California Management Review* 42 (4): 24–54.

Schnäbele, Peter. 1997. *Mass Customized Marketing: Effiziente Individualisierung von Vermarktungsobjekten und -prozessen.* Wiesbaden: Gabler.

Schreier, Martin. 2005. *Wertzuwachs durch Selbstdesign: Die erhöhte Zahlungsbereitschaft beim Einsatz von „Toolkits for User Innovation and Design".* Wiesbaden: Gabler.

Schreier, Martin. 2006. The value increment of mass-customized products: An empirical assessment. *Journal of Consumer Behaviour* 5 (4): 317–327.

Schumpeter, Joseph A. 1934. *The theory of economic development.* Cambridge: Harvard University Press.

Schweitzer, Marcell, und Hans-Ulrich Küpper. 1997. *Produktions- und Kostentheorie.* 2. Aufl. Wiesbaden: Gabler.

Scitovsky, Tibor. 1989. *Psychologie des Wohlstands: Die Bedürfnisse des Menschen und der Bedarf der Verbraucher.* Frankfurt am Main: Campus.

Seifert, Sascha. 2007. Kundeninnovations-Kompetenz: Konzeptionalisierung, Determination, Konsequenzen. Dissertation, Technische Universität München.

Seybold, Patricia B., Ronni Marshak, und Jeffrey Lewis. 2001. *The customer revolution: How to thrive when customers are in control.* New York: Crown Business.

Simon, Herbert. 1976. *Administrative behavior: A study of decision making processes in administrative organizations.* New York: The Free Press.

Simon, Herbert. 1991. Bounded rationality and organizational learning. *Organization Science* 2 (1): 125–134.
Skiera, Bernd. 2003. Individuelle Preisbildung bei individualisierten Produkten. In *Modularisierungskapitel zu*, Hrsg. Frank Piller, Christof Stotko. Mass Customization und Kundenintegration: Neue Wege zum innovativen Produkt, Düsseldorf: Symposion.
Soerensen, Jesper B., und Toby E. Stuart. 2000. Aging, obsolescence, and organizational innovation. *Administrative Science Quarterly* 45: 81–112.
Steger, Christoph. 2007. Segmentierung oder Individualisierung? Ein Vergleich von Produktstrategien zur Befriedigung heterogener Kundenbedürfnisse. Dissertation, WU Wien.
Stigler, George, und Gary S. Becker. 1977. De gustibus non est disputandum. *American Economic Review* 67: 76–90.
Stone, Robert N., und Kjell Gronhaug. 1993. Perceived risk: Further considerations for the marketing discipline. *European Journal of Marketing* 27 (3): 39–50.
Stotko, Christof M. 2005. *Vertriebseffizienz durch Kundenintegration*. Wiesbaden: Gabler.
Stuart, Toby E., und Joel M. Podolny. 1996. Local search and the evolution of technological capabilities. *Strategic Management Journal* 17: 21–38.
Su, Jack C.P., Yih-Long Chang, und Mark Ferguson. 2005. Evaluation of postponement structures to accommodate mass customization. *Journal of Operations Management* 23(3–4): 305–318.
Sydow, Jörg. 1992. *Strategische Netzwerke*. Wiesbaden: Gabler.
Szulanski, Gabriel. 2003. *Sticky knowledge: Barriers to knowing in the firm*. London: Sage.
Tapscott, Don. 2007. *Wikinomics*. München: Carl Hanser.
Taylor, Frederik W. 1913. *Die Grundsätze wissenschaftlicher Betriebsführung*. München: Oldenbourg Verlag
Tepper, Kelly, William O. Bearden, und Gary L. Hunter. 2001. Consumers' need for uniqueness: Scale development and validation. *Journal of Consumer Research* 28 (1): 50–66.
Thomke, Stefan. 2003. *Experimentation matters: Unlocking the potential of new technologies for innovation*. Boston: Harvard Business School Press.
Thomke, Stefan, und Eric von Hippel. 2002. Customers as innovators: A new way to create value. *Havard Business Review* 80 (4): 74–81.
Toffler, Alvin. 1970. *Future shock*. New York: Random House.
Ulrich, Pamela, Lenda Jo Anderson-Connell, und Weifang Wu. 2003. Consumer co-design of apparel for mass customization. *Journal of Fashion Marketing and Management* 7 (4): 398–412.
Urban, Glen, und Eric von Hippel. 1988. Lead user analysis for the development of new industrial products. *Management Science* 34 (5): 569–582.
Van Hoek, Remko I., Harry R. Commandeur, und Bart Vos. 1998. Reconfiguring logistics systems through postponement strategies. *Journal of Business Logistics* 19 (1): 33–54.
von Hippel, Eric. 1978. A customer active paradigm for industrial product idea generation. *Research Policy* 7: 240–266.
von Hippel, Eric. 1986. Lead users: A source of novel product concepts. *Management Science* 32 (7): 791–805.
von Hippel, Eric. 1988. *The sources of innovation*. Oxford: Oxford University Press.
von Hippel, Eric. 1990. Task partitioning: An innovation process variable. *Research Policy* 19 (5): 407–418.
von Hippel, Eric. 1994. Sticky information and the focus of problem solving. *Management Science* 40 (4): 429–439.
von Hippel, Eric. 1998. Economics of product development by users: The impact of „sticky" local information. *Management Science* 44 (5): 629–644.
von Hippel, Eric. 2001. Perspective: User toolkits for innovation. *Journal of Product Innovation Management* 18 (4): 247–257.

von Hippel, Eric. 2005. *Democratizing innovation*. Cambridge: MIT Press.
von Hippel, Eric. 2016. *Free Iinovation*. Cambridge: MIT Press.
von Hippel, Eric, und Ralph Katz. 2002. Shifting innovation to users via toolkits. *Management Science* 48 (7) : 821–833.
von Hippel, Eric, und Marcie Tyre. 1995. How learning is done: Problem identification in novel process equipment. *Research Policy* 24 (1): 1–12.
von Hippel, Eric, und Georg von Krogh. 2002. Open source software and the private-collective innovation model. *Organization Science* 14 (2): 209–223.
von Rosenstiel, Lutz. 1980. *Grundlagen der Organisationspsychologie*. Stuttgart: Schaeffer-Poeschel.
Voß, Günter G., und Kerstin Rieder. 2005. *Der arbeitende Kunde. Wenn Konsumenten zu unbezahlten Mitarbeitern werden*. Frankfurt am Main/: Campus.
Weiber, Rolf, und Frank Jacob. 2000. Kundenbezogene Informationsgewinnung. In *Technischer Vertrieb*, 2. Aufl., Hrsg. Martin Kleinaltenkamp und Wolfgang Plinke, 523–612. Berlin: Springer.
Weiber, Rolf, und Jörg Meyer. 2002. Virtual communities. In *Handbuch electronic bsiness*, 2. Aufl., Hrsg. Rolf Weiber, 383–361. Wiesbaden: Gabler.
Wheelwright, Steven C., und Kim B. Clark. 1992. *Revolutionizing product development: Quantum leaps in speed, efficiency, and quality*. New York: The Free Press.
Wikström, Solveig. 1996. The customer as co-producer. *European Journal of Marketing* 30 (4): 6–19.
Wikström, Solveig, und Richard Normann. 1994. *Knowledge and value: The company as a knowledge processing and value creating system*. London: Routledge.
Witte, Eberhard. 1973. *Organisation für Innovationsentscheidungen: Das Promotoren-Modell*. Göttingen: Otto Schwarz & Co.
Wolf, Joachim. 2003. *Organisation, Management, Unternehmensführung*. Wiesbaden: Gabler.
Zahn, Erich, und Uwe Schmid. 1996. *Produktionswirtschaft: Grundlagen und operatives Produktionsmanagement*. Stuttgart: TBW.
Zahra, Shaker A., und Gerard George. 2002. Absorptive capacity: A review, reconceptualization, and extension. *Academy of Management Review* 27 (2): 185–203.
Zäpfel, Günther. 1982. *Produktionswirtschaft: Operatives Produktionsmanagement*. Berlin: Springer.
Zuboff, Shoshana, und James Maxmin. 2002. *The support economy: Why corporations are failing individuals and the next episode of capitalism*. London: Viking Penguin.

Stichwortverzeichnis

A
Absorptionsfähigkeit, 38, 40
Anwendungswissen, 39, 61
Arbeitsteilung
    klassische, 2, 10
    neue, 2, 21, 24, 28, 31, 69
Austausch, sozialer, 21, 23, 37, 76

B
Bedürfnisinformation, 23, 25, 28, 31, 53, 55, 62, 65, 69–70, 73–74, 77, 89, 105
Bedürfnispyramide, 13
Betriebsführung, wissenschaftliche, 7, 10
Beziehungsmarketing, 3, 97
Bridging-Strategie, 37

C
Closed Innovation, 58
Co-Creation, 51
Co-Design, 23, 87, 99–101, 105
Co-Produktion, 15
Collective Invention, 64
Commons-based Peer Production, 5, 10, 22, 32–34, 36, 43, 60, 64, 82, 110
Communities, 32, 46, 51, 67, 70, 83–84
    für Open Innovation, 73, 82
Creative Commons, 33
Customer-active Paradigm (CAP), 5

D
Decoupling Point, 91
Development to Order, 96
Differenzierungspolitik, 24
Differenzierungsstrategie, 13, 98
do it yourself, 66

E
Economies
    of Scale, 11, 17
    of Scope, 11, 17
Einzelfertigung, 85, 87–88, 90, 95, 105

F
Fit to Market, 24, 69–71, 96
Flow-Erlebnis, 100, 106
Free Revealing, 63

G
Gemeinschaft, virtuelle, 46, 82–83, 111
Granularität, 24, 35, 47

H
Hedonismus, 66, 98–101
Herstellerinnovation, 51
Heterogenisierung, 12, 15
Heterogenität, 1, 15, 28, 34, 54, 76, 88, 91
Hybridstrategie, 13

I
Idealpunkt, 86, 98
Ideation, 50
Ideengenerierung, 50, 54, 70, 80, 110
Ideenwettbewerb, 47, 51, 80–81
Individualisierung der Nachfrage, 12, 16
Informationsgüter, 48
Informationsproduktion, 34–35
Innovationsfähigkeit, 39, 62
Innovationsnetzwerk, 31
Innovationswettbewerb, 72–73, 79
Interaktionskompetenz, 24, 38–40, 42, 46–47, 60, 72, 111

Interaktionskosten, 68–69
Interaktionsplattform, 47, 78
Interaktionsprozess, 1, 21, 23, 27, 50, 68, 87, 98, 100, 103, 107
interaktive Wertschöpfung, 1, 9, 21, 110–111

K
Kernkompetenz, 17, 22, 30, 36, 59
Komplexität, 12, 15, 18, 48, 67, 76, 93–94, 103–104, 108
Konfiguration, 23, 26, 79, 88, 97, 102–104, 106
Konfigurator, 19, 89, 104, 106, 108
kontinuierliche Verbesserung, 30
Konzeptentwicklung, 2, 50–51
Kooperation, 4–5, 17, 33, 57–59, 74
Koordinationsproblem, 10
Kosteneffizienz, 8, 87, 92
Kostenführerschaft, 11, 13
Kreativitätstechnik, 31, 77, 81
Kunden als strategische Ressource, 36
Kundenbedürfnisse, 1, 25, 28, 42, 64, 71, 88, 106
Kundeninnovation, 52, 56–57, 65
Kundenintegration, 1, 3–5, 24, 26, 50, 52, 60, 66, 87, 91–92, 95–96, 102, 106
Kundennutzen, 98, 101, 108
Kundenwissen, 36, 38, 44, 47, 54, 69, 72

L
Lead User, 5, 23, 29, 55, 57, 62–63, 74–76, 79
  Identifikation, 75
Learning Relationship, 97, 108
Leistungspotenzial, 24
Lösungsinformation, 24–26, 28–29, 32, 37, 49, 53, 56, 60, 62, 68
Lösungsraum, 2, 23, 26–27, 43, 50, 57, 59, 78, 87, 89–90, 104, 109

M
make to order, 87
Manufacturing-active Paradigm (MAP), 5, 26
Markteinführung, 38, 50, 52, 69–70, 110
Marktforschung, 23, 31, 51, 54, 71, 83
Mass Customization, 6, 23, 27, 79, 85, 87–90, 92–95, 97–99, 101, 103–104, 108, 110, 112
Massenproduktion, 5, 13, 85, 87–88, 92, 101, 109
Modularisierung, 48, 92, 95

Motivation
  extrinsische, 65, 67
  von Lead Usern, 64
Move-to-the-Market-Hypothese, 18

N
Nachfrage, Individualisierung, 12
Netzeffekte, 63
Netzwerkökonomie, 39
Netzwerkorganisation, 10, 19, 22, 35, 48, 52, 110
Not-Invented-Here-Syndrom, 44, 59, 72
Nutzerinnovation, 57, 66

O
Open Innovation, 6, 23, 27, 49–52, 58–61, 66–67, 69–73, 77–78, 80, 89, 110, 112
Organisationsform, hybride, 17
Organisationsgrenze, 38
Organisationsproblem, 9, 21, 46, 110
Organisationstheorie, 3, 58

P
Preispremium, 94
Principal-Agent-Konstellation, 95
Problemlösungsprozess, 23, 34, 46, 56, 58, 66, 80, 90, 106
Produktindividualisierung, 6, 42, 79, 85, 87–89, 92, 95, 98–99
Produktionstheorie, 11
Produktivität, 11, 16–17, 109
Property-Rights-Verteilung, 33
Prosumer, 4
Prozessinnovation, 27, 73
Prozessqualität, 98–99, 101
Pyramiding, 76

R
Resource Dependence Theory, 37
Ressource, strategische, 36
Ressourcenabhängigkeit, Theorie, 37

S
Selbstbedienung, 2, 24, 105
Selbstorganisation, 10, 19, 21, 110
Selbstselektion, 3, 10, 21–22, 24, 33–34, 39, 47, 110
Self-Service, 21

Skaleneffekte, 11, 17, 28, 48, 69, 92, 96, 109
Solution Space, 26, 90, 92
Spezialisierungseffekte, 17, 34
Standardisierung, 91
Sticky Information, 28, 37, 73
Subsidiaritätsprinzip, 45

T
Taylorismus, 12
Time to Market, 69
Toolkits
    for User Co-Design, 78–79
    for User Innovation, 70, 77–78, 89, 102, 105
    für Open Innovation, 77
Transaktionskosten, 8, 17–19, 25, 28, 33–35, 39, 47, 68, 78, 96, 99
Trial and Error, 58, 78

U
Unternehmensgrenzen, 16, 37, 49, 52, 58, 60
User Innovation Networks, 35

V
Verbesserung, kontinuierliche, 30
Verbesserungsinnovation, 45, 56, 61
Verbundeffekt, 11, 17, 70, 93
Voice of the Customer, 52–54
Vorfertigungsgrad, 90–91
Vorkombination, 24

W
Wertschöpfung, interaktive, 1, 9, 21, 110–111
Wertschöpfungskette, 4, 8, 44, 93, 96
Wertschöpfungspartnerschaft, 19
wissensökonomische Reife, 48
Wissensproduktion, verteilte, 32

Z
Zwangsarbeiter Kunde, 14

GPSR Compliance
The European Union's (EU) General Product Safety Regulation (GPSR) is a set of rules that requires consumer products to be safe and our obligations to ensure this.

If you have any concerns about our products, you can contact us on

ProductSafety@springernature.com

In case Publisher is established outside the EU, the EU authorized representative is:

Springer Nature Customer Service Center GmbH
Europaplatz 3
69115 Heidelberg, Germany

www.ingramcontent.com/pod-product-compliance
Lightning Source LLC
Chambersburg PA
CBHW051931100426
42873CB00020B/439